Mohsen Ostad Shabani
Ali Asghar Tofigh
Ali Mazahery

Avanços no fabrico de nano-compósitos de matriz metálica em fundição

Mohsen Ostad Shabani
Ali Asghar Tofigh
Ali Mazahery

Avanços no fabrico de nano-compósitos de matriz metálica em fundição

ScienciaScripts

Imprint
Any brand names and product names mentioned in this book are subject to trademark, brand or patent protection and are trademarks or registered trademarks of their respective holders. The use of brand names, product names, common names, trade names, product descriptions etc. even without a particular marking in this work is in no way to be construed to mean that such names may be regarded as unrestricted in respect of trademark and brand protection legislation and could thus be used by anyone.

Cover image: www.ingimage.com

This book is a translation from the original published under ISBN 978-3-659-82393-0.

Publisher:
Sciencia Scripts
is a trademark of
Dodo Books Indian Ocean Ltd. and OmniScriptum S.R.L publishing group

120 High Road, East Finchley, London, N2 9ED, United Kingdom
Str. Armeneasca 28/1, office 1, Chisinau MD-2012, Republic of Moldova, Europe
Managing Directors: Ieva Konstantinova, Victoria Ursu
info@omniscriptum.com

Printed at: see last page
ISBN: 978-620-8-51516-4

Conteúdo

Nos últimos anos, tem sido dada cada vez mais atenção às questões da poupança de energia e da redução dos custos de fabrico na indústria dos transportes, o que exige esforços adicionais para substituir materiais tradicionais como o aço por materiais leves como o plástico, o alumínio, o magnésio e os compósitos. Os nano-compósitos de matriz metálica (MMNCs) tornaram-se um material estabelecido na indústria atual, com uma expansão contínua no seu campo de aplicações.

Foram desenvolvidas muitas técnicas de processamento para fabricar nano-compósitos de matriz metálica à escala comercial. As tecnologias convencionais de moldagem de compósitos utilizam metais sólidos ou líquidos como material de partida. Em contrapartida, a Compocasting é uma técnica semi-sólida para a moldagem de compósitos em que a mistura de partículas de reforço na matriz é facilitada pela elevada viscosidade efectiva da pasta metálica, a fim de minimizar o seu assentamento, flutuação ou aglomeração. Muitos métodos de produção de lamas semi-sólidas foram utilizados por investigadores anteriores, incluindo a agitação mecânica, a vibração, a agitação electromagnética (EMS), etc. Em geral, estes métodos proporcionam uma microestrutura esferoidal única que permite o comportamento reológico tixotrópico necessário para a Compocasting.

Neste livro, a formação de compósitos de matriz metálica de alumínio e nanopartículas é descrita pelo processamento de compocast a partir de nanopartículas de Al2O3 e da liga de alumínio A356. O sistema de inferência neuro-fuzzy adaptativo combinado com o método de otimização por enxame de partículas é implementado neste estudo de investigação para otimizar os parâmetros no processamento de Compocasting assistido por EMS para nano-compósitos de matriz de alumínio de elevada resistência ao desgaste. Foram experimentadas diferentes funções de filiação e o resultado foi que a filiação gaussiana proporciona simplicidade e flexibilidade. Para resolver os problemas associados à fraca molhabilidade, aglomeração e segregação por gravidade das nanopartículas na massa fundida, foi utilizada uma mistura de partículas de alumina e alumínio como reforço em vez de nanoalumina em bruto. Para efeitos de comparação, foram também produzidos nano-compósitos de matriz de alumínio fundidos em areia e fundidos por compressão. A caraterização microestrutural mostra uma microestrutura dendrítica para as amostras fundidas em areia em comparação com uma microestrutura não dendrítica para as amostras fundidas em compósito. A estrutura fina e equiaxial do nanocompósito compo cast resulta de uma nucleação abundante desencadeada por uma pressão. É efectuada uma investigação sobre a influência da carga aplicada, da velocidade de deslizamento, da dureza da superfície de desgaste, da resistência à fratura do reforço e da morfologia como parâmetros críticos em relação ao regime de desgaste. Em geral, os compósitos EMS compocast oferecem um desgaste superior em comparação com os compósitos squeeze cast, independentemente da carga aplicada e da velocidade de deslizamento.

Capítulo 1: Introdução

Sistemas de Si com Al

As ligas de alumínio com silício como principal elemento de liga consistem numa classe de ligas que constituem a parte mais significativa de todas as peças fundidas moldadas fabricadas, especialmente nas indústrias automóveis. A ideia principal subjacente à adição de silício ao alumínio parece ser a melhoria da fluidez, das caraterísticas de fundição e da resistência à rutura a quente. O sistema Al-Si é um eutéctico binário simples com o teor de silício na gama de 5 a 23 % em peso. Observa-se que a reação eutéctica tem lugar a 577°C e a um nível de silício de 12,6%.

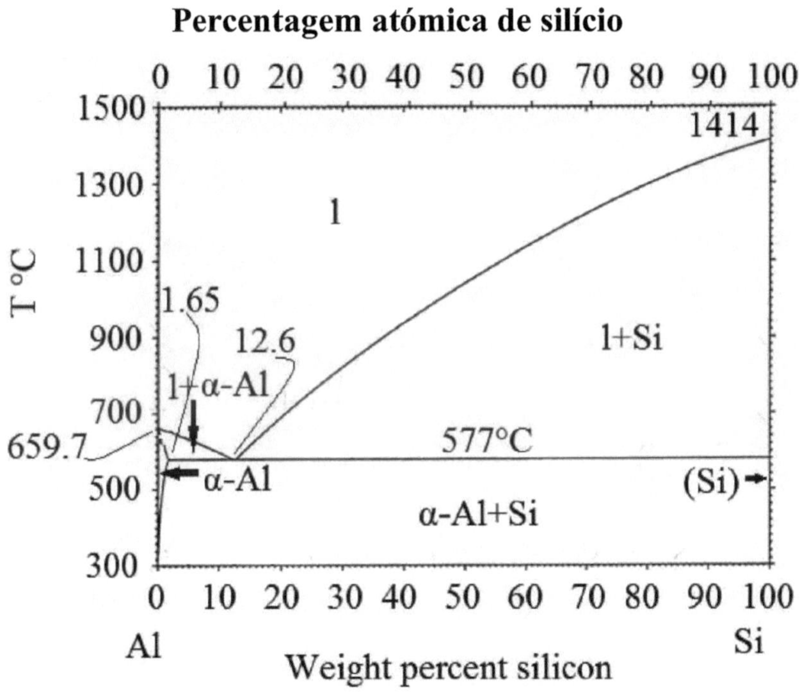

Fig. 1-1 Diagrama de equilíbrio de ligas comerciais de alumínio-silício fundidas.

O diagrama de equilíbrio das ligas comerciais de alumínio-silício fundido é mostrado na Fig. 1-1. Com base no teor de silício, as ligas Al-Si são classificadas como hipoeutécticas, hipereutécticas e eutécticas. É demonstrado que o eutéctico pode formar-se juntamente com o alumínio primário no hipoeutéctico, diretamente a partir do líquido no eutéctico e juntamente com cristais de silício primário nas ligas Al-Si hipereutécticas.

As propriedades mecânicas da peça fundida podem ser melhoradas através da modificação microestrutural, obtendo-se uma estrutura de silício fibroso refinado em vez de uma estrutura de flocos grosseiros. A modificação do Al-Si pode ser conseguida através da adição de elementos vestigiais de impureza ou do aumento da velocidade de solidificação. A Fig. 1-2 representa várias morfologias de silício, incluindo morfologias em flocos, mista flocos/fibras e fibras.

São esperadas várias microestruturas de silício com base em gradientes de temperatura (G) e velocidades de interface (R). No entanto, todas as peças fundidas comerciais solidificam no regime de velocidade de interface e gradiente de temperatura que formam silício escamoso, que é a classe geral de eutéctico irregular observado em ligas não modificadas.

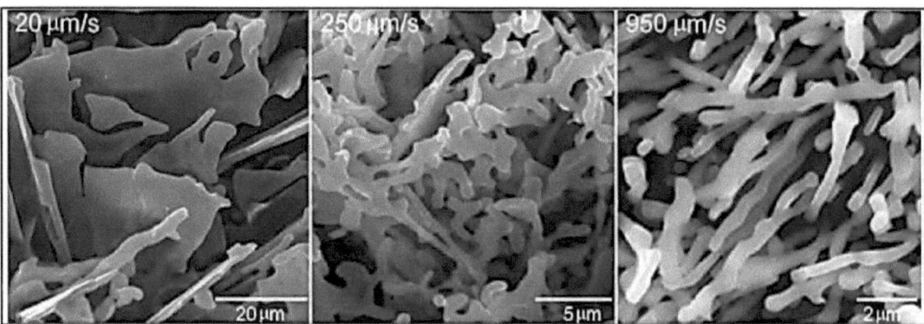

Fig. 1-2 Estruturas eutécticas Al-Si após solidificação direcional a várias velocidades.

Em três dimensões, o silício existe na forma de flocos, mas em duas dimensões, aparece como varetas (Fig. 1-3).

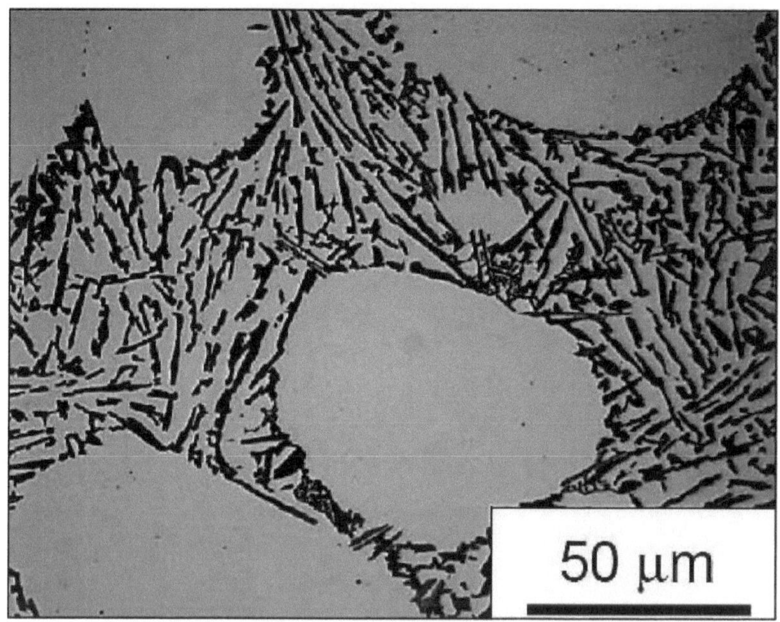

Fig. 1-3. Morfologia de Si escamosa de ligas Al-Si não modificadas.

O desenvolvimento bem sucedido de peças de fundição de alumínio para aplicação industrial requer o cumprimento de requisitos mínimos de resistência e alongamento. O tamanho do grão e a sua morfologia, o espaçamento entre braços de dendrite (DAS), o tamanho e a distribuição das fases secundárias são parâmetros eficazes que controlam as propriedades mecânicas das peças fundidas. A qualidade da microestrutura das peças de alumínio depende da composição química, do processo de fusão, do processo de fundição e da taxa de solidificação. A solidificação começa com o desenvolvimento da rede de dendrite primária de alumínio na maioria das ligas de alumínio fundido (Fig. 1-4). O espaçamento entre os braços de dendrite secundários (SDAS) depende da composição química da liga, da taxa de arrefecimento, do tempo de solidificação local e do gradiente de temperatura. O SDAS controla o tamanho e a distribuição da porosidade e das partículas intermetálicas na peça fundida. À medida que o DAS se torna mais pequeno, a porosidade e os constituintes da segunda fase são dispersos de forma mais fina e uniforme. Este refinamento da microestrutura leva a uma melhoria substancial das propriedades mecânicas.

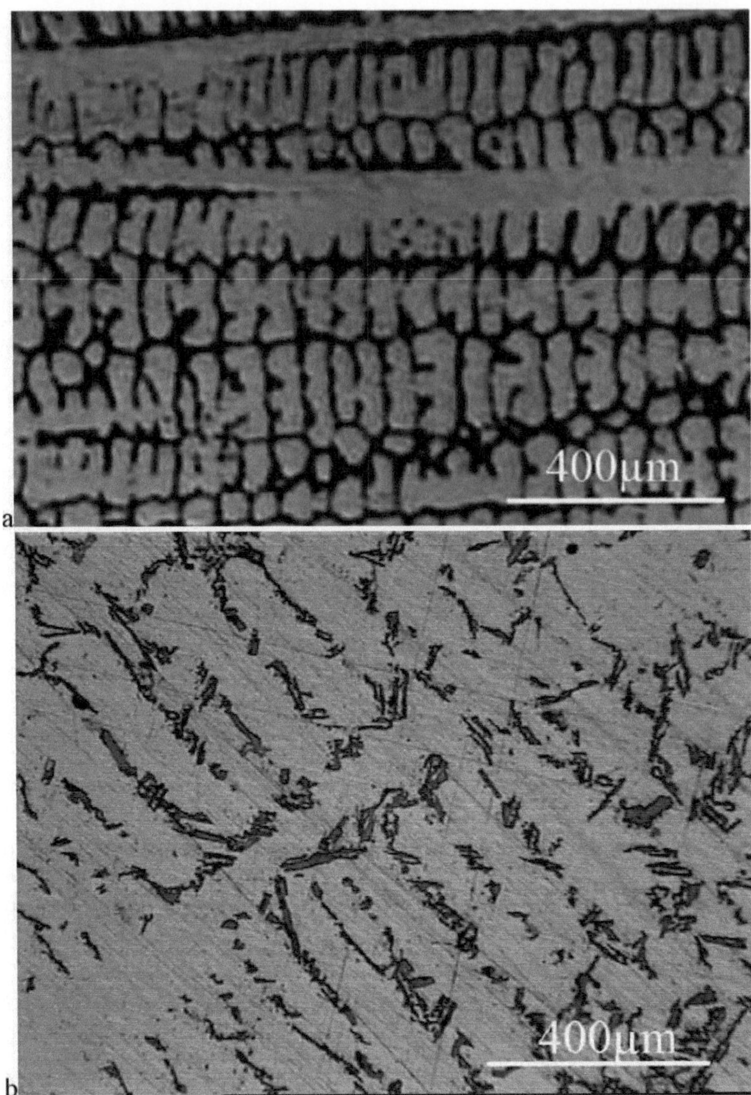

Fig. 1-4 Micrografia ótica para a: DAS e b: SDAS

Porosidades

É sabido que as propriedades mecânicas das peças fundidas, tais como a resistência à tração final (UTS) e a resistência à fadiga, são principalmente afectadas pela existência de porosidades. Assim, compreender a localização e a quantidade de porosidades é muito útil para evitar uma queda repentina das propriedades mecânicas. Geralmente, as porosidades são formadas por dois mecanismos, a segregação de gás e a contração por solidificação, que ocorrem concomitantemente. Os líquidos aprisionados na peça fundida durante a solidificação são potencialmente capazes de formar as porosidades.

A densidade da massa fundida diminui durante a solidificação e causa porosidade de retração

As porosidades são classificadas segundo o seu tamanho e o mecanismo dominante de formação. Em relação ao tamanho, podem ser utilizadas as microporosidades e as macroporosidades. As microporosidades nucleiam num líquido aprisionado entre os braços da dendrite (formam-se devido à precipitação de gás e à falta de alimentação), e as macroporosidades ocorrem numa massa de líquidos aprisionados, quer no interior da peça fundida, conhecida como retração fechada, quer no topo da superfície da peça fundida, denominada retração de tubos. Com base no mecanismo de formação, são classificadas em porosidades de gás e porosidades de retração. As porosidades de gás são esféricas e as porosidades de retração têm uma morfologia dendrítica.

Os níveis de formação de microporosidade em ligas de longo alcance de congelação são explicados esquematicamente na Fig. 1-5. No primeiro passo, as microporosidades nucleiam num local de nucleação heterogéneo (como a superfície de uma partícula de óxido). Em seguida, os poros crescem de forma esférica por precipitação de gás. Na etapa seguinte, a microestrutura em crescimento limita o crescimento dos poros, pelo que estes são deformados numa forma dendrítica. Finalmente, os poros crescem adjacentes à fase eutéctica devido ao aumento da densidade (contração do volume) da fase eutéctica.

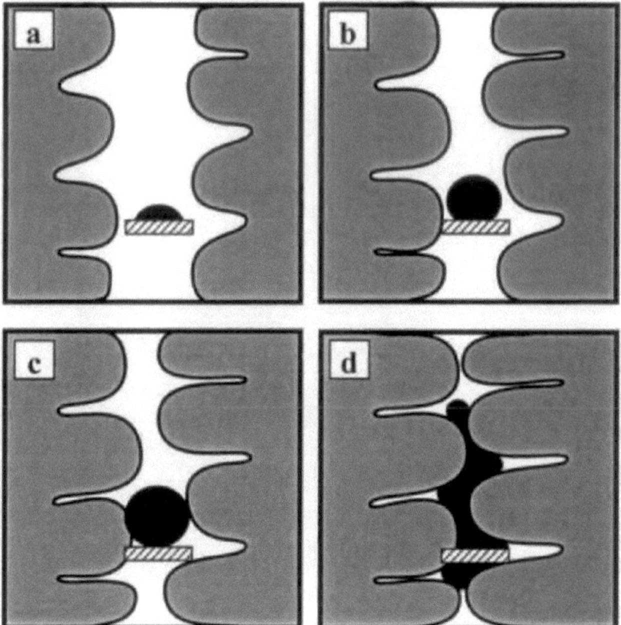

Fig. 1-5. Várias fases do desenvolvimento dos poros: (*a*) logo após a nucleação numa partícula/inclusão de óxido, (*b*) durante o crescimento inicial (raio constante), (*c*) mais tarde durante o crescimento (raio variável), e (*d*) quando é limitado pelos braços da dendrite.

Compósitos de matriz metálica (MMCs)

Os compósitos de matriz de alumínio estão a emergir como materiais de engenharia avançados para aplicações nas indústrias aeroespacial, da defesa, automóvel e outras. Os pós e fibras cerâmicos de tamanho micro foram amplamente utilizados no fabrico de compósitos à base de Al. Em comparação com a liga de alumínio não reforçada, estes compósitos têm uma resistência e rigidez consideravelmente melhoradas, mas também uma ductilidade reduzida, o que limita a sua utilização generalizada. Os nano-compósitos de matriz metálica (MMNCs) são uma nova classe de materiais nano-estruturados, constituídos por partículas à escala nanométrica utilizadas como reforços (1 - 100 nm). A resistência do alumínio reforçado por nanopartículas cerâmicas seria consideravelmente melhorada, enquanto a ductilidade da matriz de alumínio seria mantida. Atualmente, existem vários métodos de fabrico de MMNCs, incluindo a técnica in situ, a metalurgia do pó de deposição por fusão desintegrada, o processo de vórtice e o método ultrassónico. As nano-partículas de SiC foram adicionadas à liga Al 356 utilizando um método ultrassónico. Os resultados experimentais mostraram uma distribuição relativamente uniforme das nanopartículas e uma melhoria de mais de 50% no limite de elasticidade da liga A356 apenas com 2,0 wt. % de nanopartículas de SiC.

Fig. 1-6 Diagrama esquemático do processo de fundição por agitação

Shabani caracterizou as propriedades e o comportamento de deformação dos nanocompósitos Al_2O_3-Al produzidos por reação de fusão magneto-química. É referido que o alongamento, a resistência à tração final e a resistência ao escoamento dos

nanocompósitos aumentam com o aumento da fração volumétrica das partículas e são nitidamente superiores aos dos compósitos de Al sintetizados por partículas de tamanho micro.
O processamento de solidificação, como a fundição por agitação que utiliza a agitação mecânica, é uma técnica amplamente utilizada para produzir compósitos de matriz de Al reforçados por micropartículas de cerâmica (Fig. 1-6). No entanto, é extremamente difícil para o método convencional de agitação mecânica distribuir e dispersar uniformemente as partículas à escala nanométrica em fundidos metálicos, devido à fraca molhabilidade e às áreas de superfície específicas mais elevadas das nanopartículas, que conduzem à aglomeração e agrupamento.

Compocasting

A investigação sobre as propriedades dos metais no estado semi-sólido foi iniciada por Spencer no MIT em 1971. Existem duas vias principais para a produção de peças de alumínio semi-sólidas, a tixocast e a reocast. A tixocast envolve um lingote de material sólido especialmente preparado que é subsequentemente aquecido até ao estado semi-sólido. Devido à preparação do lingote, a microestrutura final apresenta uma série de glóbulos esferoidais ou rosetas rodeados pelo eutéctico. A outra via, a reofundição, consiste em utilizar o líquido e arrefecê-lo até ao estado semi-sólido. São tomadas medidas para proporcionar uma nucleação abundante e para retardar o crescimento dos grãos. Após o arrefecimento da peça, a microestrutura apresenta estruturas esferoidais. Nos últimos anos, tem sido dada mais atenção à reocasting durante a preparação de metais semi-sólidos para poupar custos. Foram introduzidos alguns métodos inovadores de preparação de lamas, tais como a agitação electromagnética, a reomoldagem de parafuso duplo, a nova reocastração (NRC), o processo de reoconversão contínua, a fundição liquidus e o método de nucleação controlada. No entanto, muitos investigadores continuam a procurar novos métodos para preparar lamas semi-sólidas, a fim de diminuir ainda mais o custo de produção e simplificar o processo. A compocasting é um processo de estado líquido no qual as partículas de reforço são adicionadas a uma massa fundida em solidificação enquanto são vigorosamente agitadas (Fig. 1-7). Foi demonstrado que as partículas sólidas primárias já formadas na pasta semi-sólida podem prender mecanicamente as partículas de reforço, impedir a sua segregação por gravidade e reduzir a sua aglomeração. As três principais vantagens da compo casting são a distribuição uniforme do reforço, a presença de uma frente de fluxo estável que ajuda a evitar o aprisionamento de ar nas peças e uma temperatura de processamento reduzida que ajuda a prolongar significativamente a vida útil da matriz.

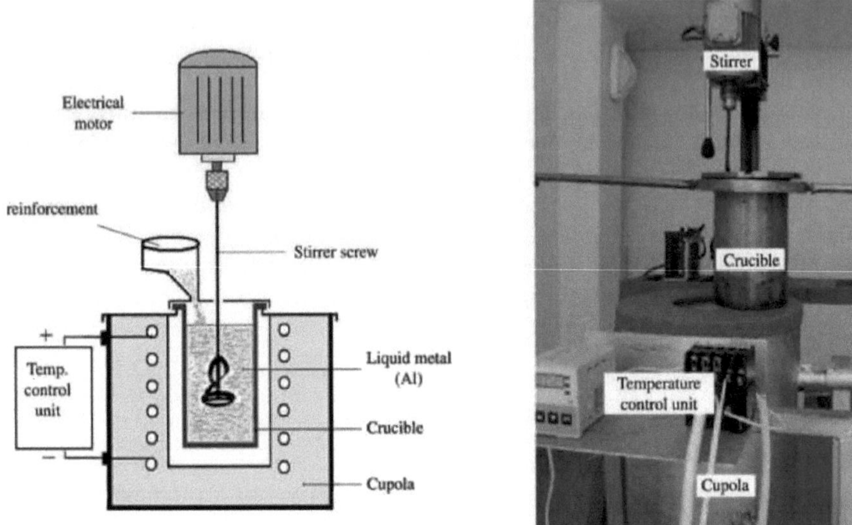

Fig. 1-7 Diagrama esquemático do método compo cast

Comportamento tribológico de AMCs reforçados com partículas

Os compósitos de matriz de alumínio (AMC) reforçados com partículas de cerâmica têm sido utilizados como peças resistentes ao desgaste em alguns veículos durante muitos anos, devido à sua elevada relação força/densidade e resistência ao desgaste. Os compósitos de ligas de alumínio reforçados com partículas mostraram uma melhoria significativa nas propriedades tribológicas, incluindo a resistência ao deslizamento e ao desgaste abrasivo e a resistência à gripagem.

Em geral, a resistência ao desgaste das ligas de alumínio é melhorada como consequência da incorporação de fibras ou partículas cerâmicas que actuam como suporte de carga e membro abrasivo. O comportamento tribológico dos AMCs reforçados com partículas tem sido geralmente considerado como uma função da carga aplicada, da fração de volume do reforço, do tamanho das partículas e das propriedades mecânicas do compósito. A taxa de desgaste do compósito aumenta marginalmente com a carga aplicada antes de atingir a carga crítica. O desgaste efetivo da superfície do provete deve-se ao efeito combinado de vários factores. O aumento da carga aplicada conduz a um aumento da penetração das asperezas duras da contra-superfície na superfície mais macia do pino, a um aumento da tendência para a microfissuração da subsuperfície e também a um aumento da deformação e fratura das asperezas da superfície mais macia. Por outro lado, uma maior quantidade de material da superfície do pino acumula-se nos vales entre as asperezas das contra-superfícies, resultando numa redução da altura e da eficiência de corte das asperezas da contra-superfície. Para além da carga crítica para cada compósito, a taxa de desgaste começa a aumentar abruptamente com a carga aplicada. A carga em que a taxa de desgaste aumenta subitamente para um valor muito elevado é designada por carga de transição. Quando a carga aplicada é superior à carga de transição, a taxa de desgaste do compósito dispara para um valor significativamente mais elevado. Isto é atribuído ao aquecimento por fricção significativamente mais elevado e, assim, à adesão localizada da superfície do pino com a contra-superfície e também ao aumento do amolecimento do material da superfície e, assim, a uma maior penetração das asperezas. Nestas condições, a remoção de material devido à delaminação das áreas aderentes, ao micro corte e à micro fratura aumenta significativamente. Isto leva à destruição da MML, que se formou com uma carga aplicada mais baixa no período inicial de deslizamento. Como resultado, após uma carga crítica, verifica-se uma transição de um aumento linear suave da taxa de desgaste para um aumento súbito da taxa de desgaste.

A adição de partículas de cerâmica dura, como SiC, Al2O3 e B4C, como reforço às ligas Al-Si-Mg causa maior dureza e resistência ao desgaste da liga monolítica. Devido ao custo mais elevado do pó de B4C em relação ao SiC e ao Al2O3, foram efectuadas poucas investigações sobre AMCs reforçados com B4C. Os compósitos Al-B4C têm o potencial de combinar a elevada rigidez e dureza do B4C com a ductilidade do Al, sem derrotar o objetivo de obter um material forte e de baixa densidade.

As técnicas de fabrico podem variar consideravelmente de acordo com o tipo de reforço. Estas técnicas incluem fundição por compressão, Vortex, infiltração de metal líquido, decomposição por pulverização e metalurgia do pó. A fundição por compressão oferece um bom controlo microestrutural a um custo relativamente baixo. A pressão aplicada durante a solidificação na técnica de fundição por compressão resulta numa excelente alimentação durante a contração da solidificação (Fig. 1-8).

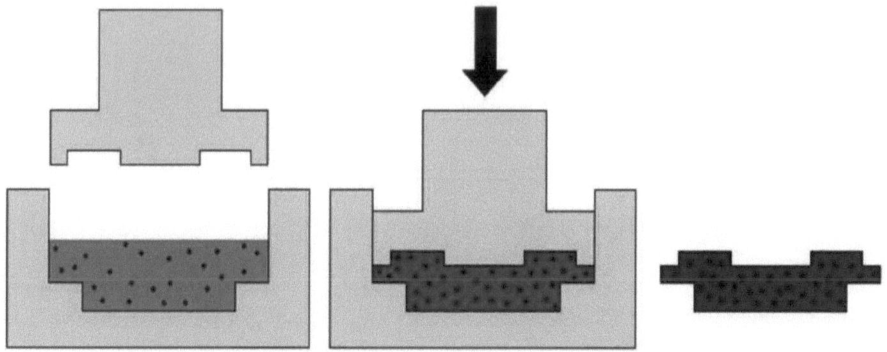

Fig. 1-8 Diagrama esquemático da técnica de fundição por compressão

Abordagem de rede neural artificial

A rede neural artificial é um sistema vagamente modelado no cérebro humano. Um neurónio biológico é apresentado na Fig. 1-9. No cérebro, há um fluxo de informação codificada das sinapses para o axónio. O axónio de cada neurónio transmite informações a um certo número de outros neurónios. O neurónio recebe informações nas sinapses de um grande número de outros neurónios. De acordo com Haykin, uma rede neuronal é um processador distribuído maciçamente paralelo que tem uma propensão natural para armazenar conhecimento experimental e torná-lo disponível para utilização. Assemelha-se ao cérebro humano em dois aspectos: o conhecimento é adquirido pela rede através de um processo de aprendizagem e os pontos fortes das ligações entre neurónios, conhecidos como pesos sinápticos, são utilizados para armazenar o conhecimento. Para conceber uma rede neuronal para a resolução de um problema, é necessário um algoritmo de treino. É necessário preparar um conjunto de exemplos, que representa o problema sob a forma de entradas e saídas do sistema. Durante o processo de treino, os pesos e as polarizações da rede são ajustados para minimizar o erro e obter um elevado desempenho na solução. No final do treino e durante o erro de treino, o MSE é calculado entre as saídas desejadas e as saídas alvo. Existem vários algoritmos de treino utilizados nas aplicações de redes neuronais. Não é difícil prever qual destes algoritmos de treino será o mais rápido para qualquer problema. Em geral, depende de alguns factores, como a estrutura das redes, ou seja, o número de camadas ocultas, os pesos e os enviesamentos na rede, o erro pretendido na aprendizagem e a área de aplicação, por exemplo, o reconhecimento ou classificação de padrões ou o problema de aproximação de funções. No entanto, a estrutura dos dados e a uniformidade do conjunto de treino são também aspectos importantes que afectam a precisão e o desempenho do sistema.

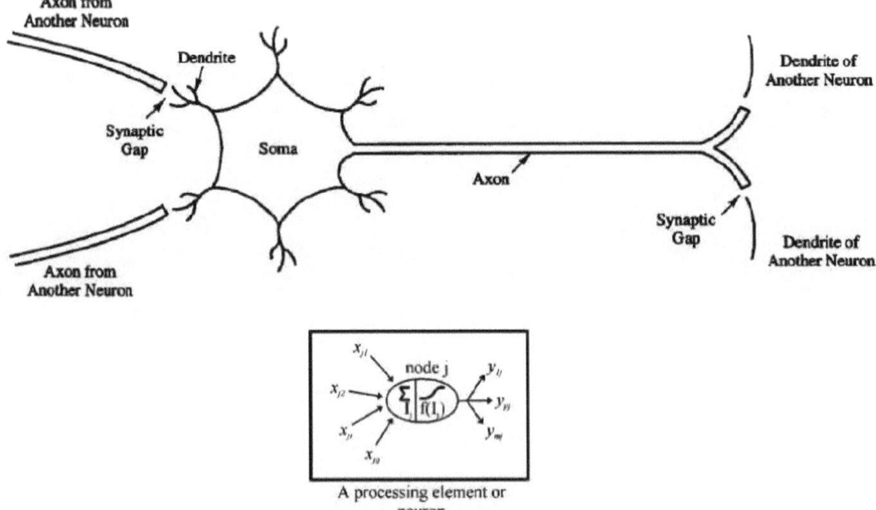

Fig. 1-9 Diagrama esquemático da rede neural

Sistema de inferência neuro-fuzzy adaptativo

Entre os vários sistemas de inferência fuzzy (FIS), o sistema Takagi-Sugeno (TS) tem sido aplicado com êxito na modelação fuzzy. Um sistema de inferência neuro-fuzzy adaptativo (ANFIS) pode ser considerado como uma implementação de um sistema TS numa arquitetura de rede neural. Para construir o modelo ANFIS, são utilizadas cinco camadas, como se mostra na Fig. 1-10. Cada camada tem alguns nós descritos por uma função de nó. Os círculos na rede representam nós sem parâmetros variáveis, enquanto os quadrados mostram nós com parâmetros adaptativos a serem determinados pela rede durante o treinamento. Os nós da primeira camada representam conjuntos fuzzy em regras fuzzy. Tem parâmetros que controlam a forma e a localização do centro de cada conjunto fuzzy, que são designados por parâmetros de premissa. Na segunda camada, cada nó calcula o produto das suas entradas. Na terceira camada, a normalização da força de disparo das regras ocorre através do cálculo do rácio entre a força de disparo da i-ésima regra e a soma das forças de disparo de todas as regras. Os nós da quarta camada são adaptativos, onde cada função de nó representa um modelo de primeira ordem com parâmetros consequentes. A camada 5 é designada por camada de saída, em que cada nó é fixo. Calcula a saída global como a soma de todas as entradas da camada anterior. A otimização dos valores dos parâmetros adaptativos é o passo mais importante para o desempenho do sistema adaptativo. Em especial, é necessário determinar os parâmetros supostos na camada 1 e os parâmetros consequentes na camada 4. Jang propôs um algoritmo de aprendizagem híbrida para determinar os parâmetros de um modelo ANFIS. Um algoritmo de aprendizagem híbrido utiliza as técnicas de descida de gradiente e de mínimos quadrados para otimizar os parâmetros da rede. A estimativa dos mínimos quadrados pode ser utilizada para determinar os parâmetros consequentes, assumindo que os parâmetros da camada 1 são fixos. Em seguida, os parâmetros da camada 4 podem ser fixados e é utilizada uma abordagem de retropropagação para ajustar os parâmetros da premissa na camada 1. Iterando entre os parâmetros da camada 1 e a otimização dos parâmetros da camada 4, são calculados os valores óptimos para todos os parâmetros livres.

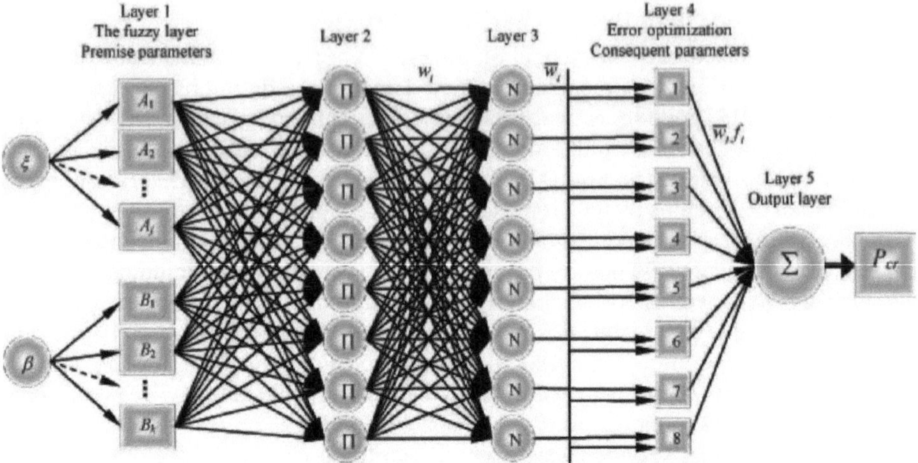

Fig. 1-10 Arquitetura do ANFIS e esquema de raciocínio fuzzy do ANFIS

A arquitetura do ANFIS com duas variáveis de entrada é apresentada na Fig. 10 e o mecanismo de raciocínio difuso é ilustrado da seguinte forma

Regra 1: SE x é A1 e y é B1, ENTÃO f1 p1 q1= + + r1.

Regra 2: SE x é A2 e y é B2, ENTÃO f2 p2 q2= + + r2.

Otimização por enxame de partículas

O algoritmo de otimização por enxame de partículas (PSO) foi proposto pela primeira vez por Kennedy e Eberhart, inspirado no comportamento natural de revoada e enxameação de aves e insectos. O conceito de PSO ganhou popularidade devido à sua simplicidade. Tal como outras técnicas baseadas em enxames, a PSO consiste num número de indivíduos que refinam o seu conhecimento de um determinado espaço de pesquisa. Os indivíduos numa PSO têm uma posição e uma velocidade e são designados por partículas. Tradicionalmente, o PSO não tem cruzamento entre indivíduos, não tem mutação e as partículas nunca são substituídas por outros indivíduos durante a execução. O algoritmo PSO funciona atraindo as partículas para posições no espaço de pesquisa de elevada aptidão. Cada partícula tem uma função de memória e ajusta a sua trajetória de acordo com duas informações: a melhor posição que visitou até agora e a melhor posição global alcançada por todo o enxame. Se todo o enxame for considerado como uma sociedade, a primeira informação pode ser vista como resultante da memória da partícula dos seus estados passados, e a segunda informação pode ser vista como resultante da experiência colectiva de todos os membros da sociedade. A Fig. 1-11 mostra o fluxograma do método PSO. Tal como outros métodos de otimização, o PSO tem uma função de avaliação da aptidão que considera a posição de cada partícula e lhe atribui um valor de aptidão. A posição de maior valor de aptidão visitada pelo enxame é designada por melhor global. Cada partícula recorda o melhor global e a posição de maior valor de aptidão que visitou pessoalmente, a que se chama o melhor local. A posição e a velocidade das partículas são actualizadas de acordo com as Eqs. (1) e (2):

$$V_{i,j}^{t+1} = w.V_{i,j}^{t} + c_1 r_1 (P_{i,j} - X_{i,j}) + c_2 r_2 (P_{g,j} - X_{i,j}) \quad (1)$$

$$X_{i,j}^{t+1} = V_{i,j} + X_{i,j}^{t} \quad (2)$$

Em que j= 1,. . . ,d e w, c_1, $c2 \geq 0$. *w* é o peso de inércia, c1 e c2 os coeficientes de aceleração, e r1 e r2 são números aleatórios, gerados uniformemente no intervalo [0, 1], responsáveis por conferir aleatoriedade ao voo do enxame. O termo $c_1 r_1 (P_{i,j} - X_{i,j})$ na Eq. (1) é chamado de termo de cognição, enquanto o termo $c_2 r_2 (P_{g,j} - X_{i,j})$ é chamado de termo social. O termo cognição tem em conta apenas a experiência individual da partícula, enquanto o termo social significa a interação entre as partículas. Os valores c1 e c2 permitem à partícula ajustar os termos cognição e social, respetivamente, na equação de atualização da velocidade.

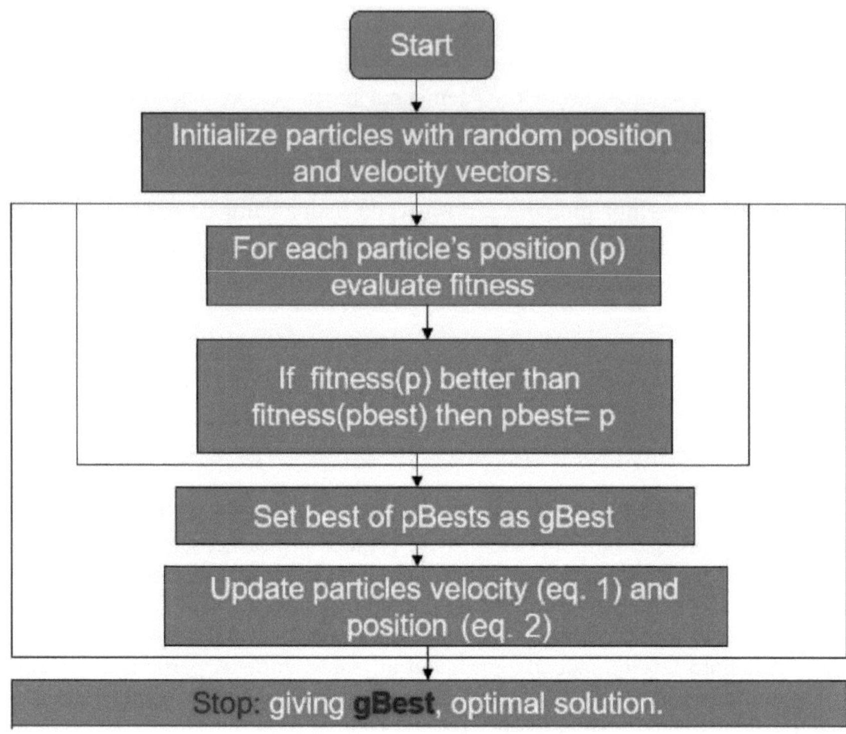

Fig. i-ii. Fluxograma do método PSO.

Nos últimos anos, as partículas de tamanho nanométrico também têm suscitado grande interesse como reforços em MMCs devido às suas propriedades superiores às das partículas de tamanho micro. No próximo capítulo, foi introduzido um novo método para encontrar as condições de processamento ideais para produzir nano compósitos de matriz de liga de Al fundida com porosidade mínima e resistência máxima.

Capítulo 2: Como fabricar material compocast avançado

Materiais e fabrico

O alumínio Al-Si e as nano partículas de Al2O3 foram selecionados como matriz e reforço, respetivamente. A composição química de uma liga comercial de Al-Si é apresentada na Tabela 2-1. É evidente que o tamanho reduzido das partículas resulta numa elevada tendência para a sua aglomeração em várias fases do processamento. Prevê-se que este problema constitua um grande obstáculo à distribuição uniforme das nanopartículas de Al2O3 na massa fundida, uma vez que estas têm uma grande área de superfície específica e uma elevada energia interfacial. A fim de ultrapassar este problema, melhorar a molhabilidade das nanopartículas de Al2O3 com a massa fundida, reduzir a sua aglomeração e obter uma distribuição uniforme das nanopartículas de Al2O3 na matriz, foi utilizada uma técnica especial para a introdução de nanopartículas na massa fundida.

Tabela 2-1. Composição química do A356.

Al	Si	Fe	Cu	Mn	Mg	Zn	Ti	Cr	Ni	Pb
balance	7.1	0.4	0.3	0.2	0.3	0.3	0.02	0.01	0.05	0.1

Neste livro, as nano partículas foram injectadas na massa fundida sob a forma de uma mistura de nano partículas de AI2O3 (25% e 1 µm), pó de Mg (25% e 1 µm) e pó de Al (50% e ^m). Os pós foram misturados e depois prensados em forma de disco. O diâmetro e a altura de cada disco eram de 10 mm e 3 mm, respetivamente. Foi adicionado Mg à massa fundida para aumentar a molhabilidade entre a matriz e os reforços. A liga foi aquecida e fundida num forno elétrico. Os discos foram então adicionados à massa fundida (a 720° C). Foi utilizado um dispositivo de agitação electromagnética para obter uma distribuição uniforme das partículas. O tamanho e a percentagem volumétrica das nanopartículas de Al2O3 e a temperatura de fundição são obtidos utilizando o modelo ANFIS-PSO. A Fig. 2-1 mostra uma imagem típica do agitador magnético.

Fig 2-1 Imagem típica do agitador magnético

Após a conclusão da injeção, a lama foi fundida utilizando os processos de fundição em areia, squeeze e compo. A fundição em areia de CO_2 (vazada a 720° C) foi utilizada para investigar a estrutura dendrítica. Nas amostras fundidas por compressão, a pasta é introduzida numa matriz permanente de aço para ferramentas e é aplicada pressão até a solidificação estar completa (vazada a 720° C). Para obter uma estrutura não dendrítica e globular, a pasta foi arrefecida até à temperatura semissólida (612° C obtida utilizando o modelo ANFIS-PSO) e compocast num molde metálico (aço inoxidável) pré-aquecido. As amostras compocast foram espremidas durante a sua solidificação. Foi utilizado um lubrificante de nitreto de boro na superfície do molde para uma melhor separação da amostra.

Tratamento térmico

As amostras foram aquecidas a 540° C num forno de resistência durante 4 h e depois arrefecidas com água até à temperatura ambiente a 40° C. O envelhecimento para os tratamentos térmicos T6 foi efectuado a 155° C durante 6 h.

Maquinação e comportamento mecânico

Os ensaios de tração foram utilizados para avaliar o comportamento mecânico dos compósitos e da liga de matriz . As hastes do compósito e da liga da matriz foram maquinadas para obter espécimes de tração de acordo com a norma ASTM.B 557. A Fig. 2-2 mostra uma imagem típica dos espécimes de tração. O diagrama de deslocamento de carga e os dados de deslocamento de carga foram registados a partir do visor digital ligado ao equipamento. Estes dados de carga e deslocamento foram transformados em dados de tensão verdadeira e deformação verdadeira utilizando a metodologia padrão, e foram obtidos os valores de resistência à tração final. Cada valor de resistência à tração final é uma média de pelo menos três amostras de tração.

Fig. 2-2 Imagem típica do provete de tração

Metalografia

Para o estudo da microestrutura, os espécimes foram preparados por lixagem com lixas de 120, 400, 600, 800 e 1000 grãos, seguida de polimento com pasta de diamante de 6 µm e gravados com o reagente de Keller (2 ml de HF (48%), 3 ml de HCl (conc.), 5 ml de HNO3 (conc.) e 190 ml de água).

Exames microscópicos

Os exames microscópicos dos compósitos e da liga da matriz foram realizados com um microscópio ótico e um microscópio eletrónico de varrimento (CAMSCAN-MV2300 MODEL, OXFORD). A análise de imagem foi efectuada para determinar o tamanho do grão dos materiais.

Análise de imagens

Foi utilizado um analisador de imagem para medir o diâmetro médio das partículas primárias de α-Al utilizando um método de incepção da linha média definido como Diâmetro médio = L/N

Onde L é o comprimento total das linhas da série medida. N é o número de partículas atravessadas pelas linhas medidas. Esta avaliação foi repetida até serem contados 500 grãos em várias imagens.

O fator de forma de uma partícula neste estudo foi definido como

Fator de forma $= 4\pi A/P^2$

Onde A e P representam a área seccional e o perímetro da fase primária em a microestrutura, respetivamente.

Porosidade

A densidade experimental dos compósitos foi obtida pelo método de Arquimedes. A quantidade de porosidade na liga fundida e nos compósitos foi determinada comparando a densidade medida com a densidade teórica utilizando a regra das misturas.

Dureza

Para estudar a dureza, os valores de dureza Brinell das amostras foram medidos nas amostras polidas utilizando uma esfera de indentação com 2,5 mm de diâmetro a uma carga de 31,25 kg. Para cada amostra, foram efectuadas 5 leituras de dureza em regiões selecionadas aleatoriamente, a fim de eliminar possíveis efeitos de segregação e obter um valor representativo da dureza do material da matriz. Durante a medição da dureza, foi tomada a precaução de efetuar uma indentação a uma distância de, pelo menos, duas vezes o comprimento diagonal da indentação anterior.

Ensaios de desgaste

Os ensaios de desgaste por deslizamento a seco foram efectuados utilizando um aparelho de desgaste do tipo pino sobre disco. O disco deslizante era de aço temperado com 63 HRC até uma profundidade de 3 mm. A Fig. 2-3 mostra o diagrama esquemático do ensaio de desgaste por abrasão. Os compósitos foram formados em pinos com 6 mm de diâmetro e 25 mm de altura. Os pinos foram colocados em contacto com o cursor. Ambas as superfícies foram polidas a 0,5 μm e limpas por ultra-sons antes do ensaio. Os ensaios foram realizados para diferentes distâncias de deslizamento sob uma carga normal de 5, 10, 15, 20, 25 e 30 N. As perdas de peso foram calculadas a partir das diferenças de peso dos provetes medidas antes e depois dos ensaios com uma precisão de ± 0,1 mg utilizando uma balança analítica. Foi utilizado um provete separado para medir a perda de peso para cada distância de deslizamento. O ensaio de desgaste foi interrompido a intervalos regulares e a perda de peso incremental da amostra foi registada. Após cada incremento e antes da pesagem, o disco e o pino foram limpos num banho de ultra-sons com acetona e secos a vento quente abaixo de 100 °C.

Os resultados dos provetes com geometrias da pista de desgaste que não eram compatíveis com a especificação da norma ASTM G99-95 foram rejeitados. Todos os ensaios foram realizados à temperatura ambiente (21 °C, humidade relativa de 55 %). As superfícies desgastadas foram examinadas por um microscópio eletrónico de varrimento (SEM) com um analisador de raios X por dispersão de energia.

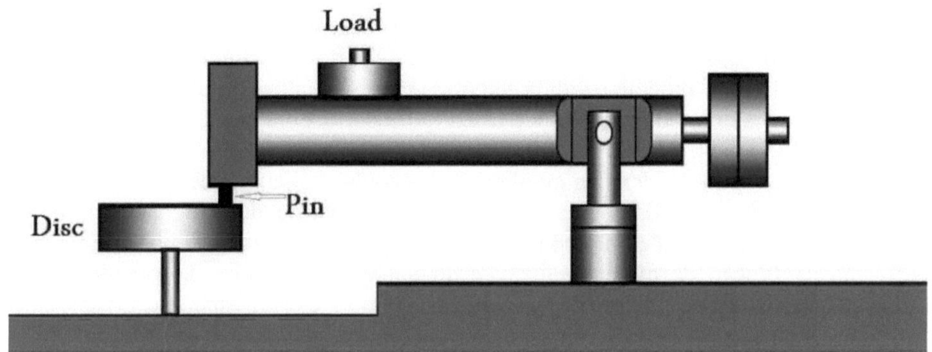

Fig 2-3 Diagrama esquemático do ensaio de desgaste por abrasão

Método

O sistema de inferência neuro-fuzzy adaptativo acoplado ao método de otimização por enxame de partículas é implementado neste estudo de investigação para otimizar os parâmetros no processamento de nanocompósitos de matriz metálica fundida. A função objetivo é calculada e minimizada pelo ANFIS e pelo PSO, respetivamente. As amostras são divididas em conjuntos de treino e de teste para otimizar os parâmetros do modelo, calibrar o modelo e validá-lo comparando as saídas deste conjunto com as saídas resultantes do modelo utilizando as entradas correspondentes.
O editor ANFIS apresenta oito tipos diferentes de funções de membro para os decisores utilizarem nos problemas: Triangular, Trapezoidal, Sino generalizado, Curva Gaussiana, Combinação Gaussiana, Forma P, Diferença entre duas funções sigmóides e Produto de duas funções sigmóides. O passo mais significativo no modelo é a definição da função de afiliação fuzzy e do valor correspondente. As funções de afiliação gaussiana e de sino são os métodos mais populares para especificar o conjunto fuzzy devido à sua suavidade e notação concisa. Ambas as funções de afiliação têm a vantagem de serem suaves e não nulas em cada ponto. A função de pertença bell tem mais um parâmetro do que a função de pertença gaussiana, pelo que pode aproximar-se do conjunto não difuso se o parâmetro livre for ajustado. Por conseguinte, foi considerada a função de pertença gaussiana.

Formação

Existem apenas duas opções para a função de afiliação de saída: constante e linear, uma vez que o ANFIS só funciona em sistemas do tipo Sugeno. Por uma questão de desempenho, foi escolhida a função de membro constante. Das amostras, 70% foram utilizadas para treino e os restantes 30% foram utilizados para teste e validação. As amostras foram escolhidas de forma aleatória. Depois de selecionar o número e o tipo de funções de afiliação, o modelo ANFIS é estruturado conforme ilustrado na Fig. 3-1.

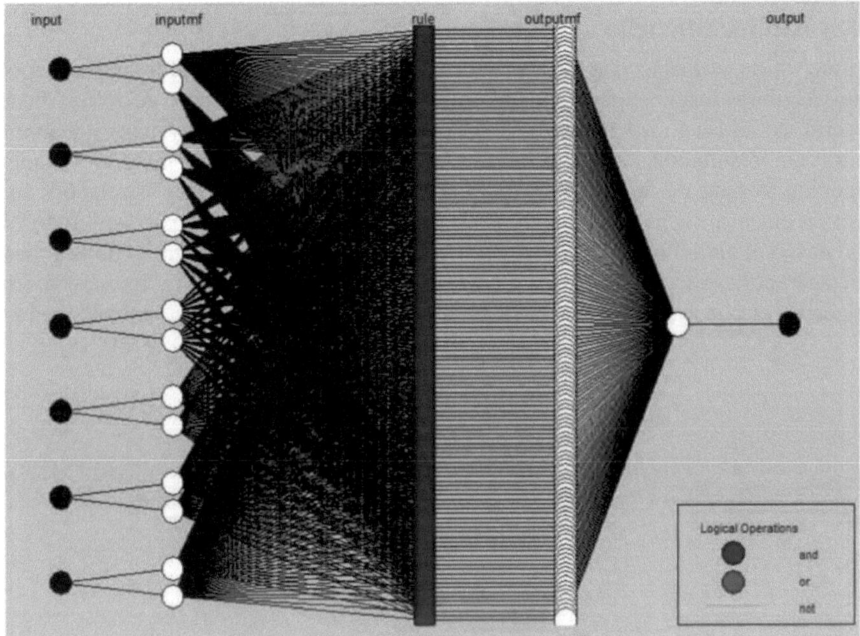

Fig 3-1 Estrutura do ANFIS no modelo atual

O algoritmo híbrido foi aplicado à função de membro de cada entrada. A vantagem do método híbrido é que utiliza a retropropagação para os parâmetros associados à função de membro de entrada e a estimativa de mínimos quadrados para os parâmetros associados à função de membro de saída. Cada entrada foi normalizada num intervalo de [0,1].

Minimização da função objetivo

Embora a integração da RNA com a lógica difusa se tenha revelado útil, há também uma desvantagem notável destes modelos híbridos. Uma vez que a aprendizagem é inteiramente baseada em dados, impõe requisitos rigorosos à qualidade do conjunto de dados de treino. Se o conjunto de dados de treino for inadequado, o modelo treinado pode comportar-se de forma errática em condições de entrada não previstas e tornar-se ininterpretável.

A partir desta operação com o ANFIS, é calculada a função objetivo que foi depois minimizada pelo PSO. A condição optimizada foi obtida na minimização da função objetivo. Os parâmetros finais optimizados do processo são 1,8 percentagem de volume de Al2O3, 98,93 nm de tamanho médio de partículas de Al2O3, 612,3° C de temperatura de fundição, 2,3 % de porosidade, 76,8 BHN de dureza, percentagem de alongamento de 2,8% e 192 MPa de tensão de cedência.

Fuzzy e defuzzificação

As funções de afiliação das variáveis de entrada assumem diferentes formas após o treino. Algumas formas típicas são mostradas na Fig. 3-2. O processo de defuzzificação converte as saídas fuzzy resultantes do motor de inferência fuzzy para um número inteiro. Os resultados são então defuzzificados utilizando um método de média ponderada. A base de regras fuzzy contém regras que incluem todas as relações fuzzy possíveis entre entradas e saídas. Estas regras são expressas no formato "se-então". Foi então possível gerar os conjuntos de regras para treino. Se *m* é o número de funções de associação para cada entrada e *n* é o número de entradas, então há $m^{A}n$ regras a serem treinadas. Por conseguinte, havia 2187 regras a serem treinadas nesta investigação.

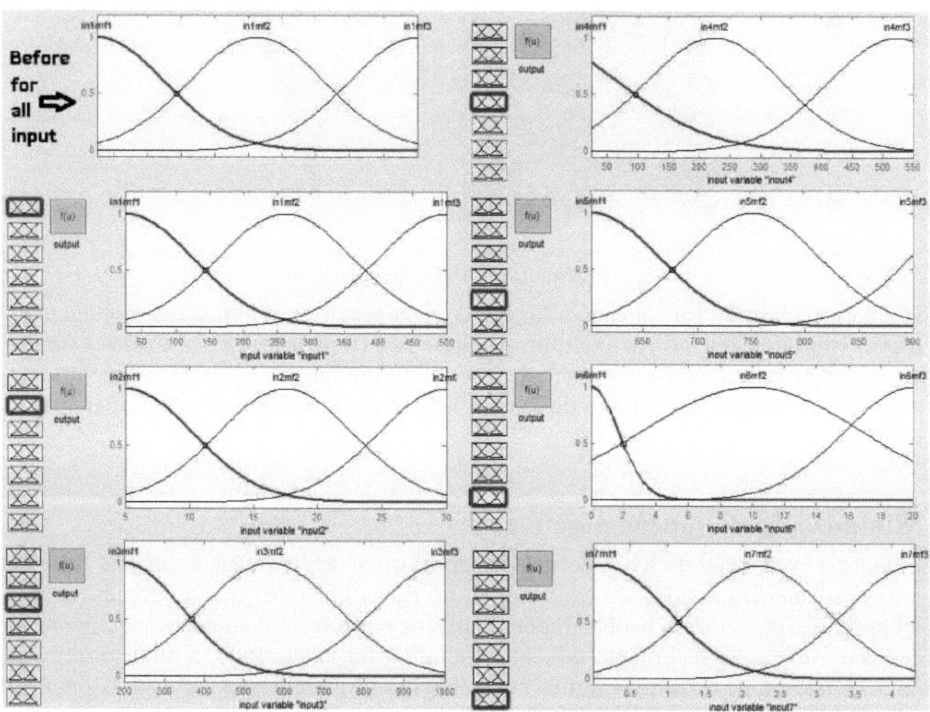

Fig. 3-2 As funções de afiliação das variáveis de entrada antes e depois do treino

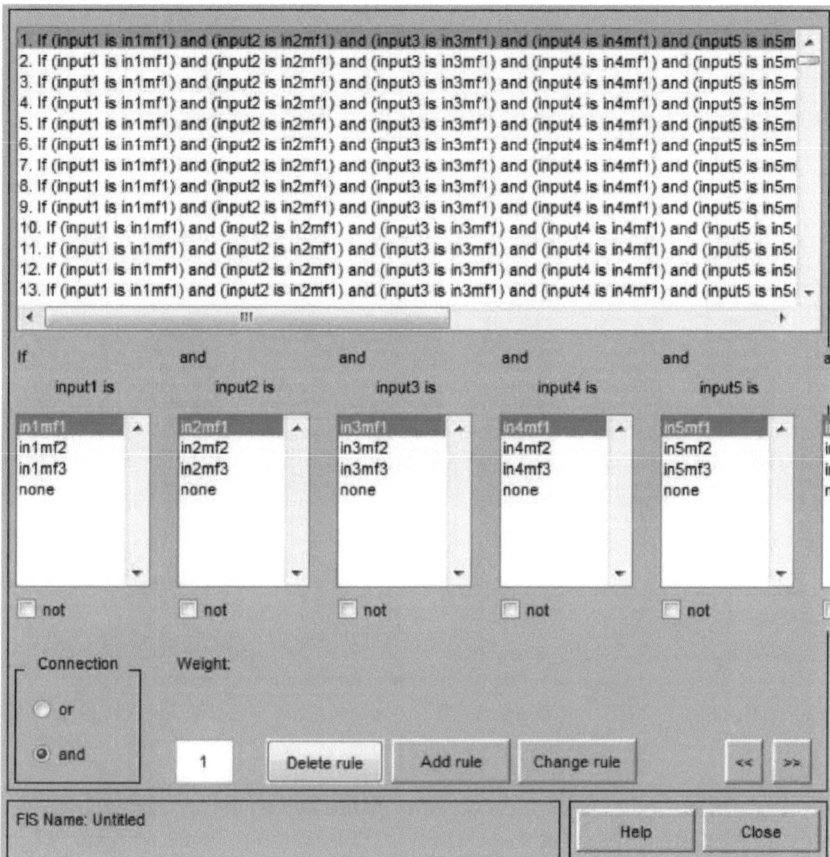

Fig. 3-3 Regra difusa "se-então

A Fig. 3-3 mostra um editor de regras if-then difusas que inclui 13 regras do modelo em ambiente MATLAB. Na última fase, cada resultado sob a forma de um conjunto difuso é convertido num valor nítido (saída real) através do processo de defuzzificação.

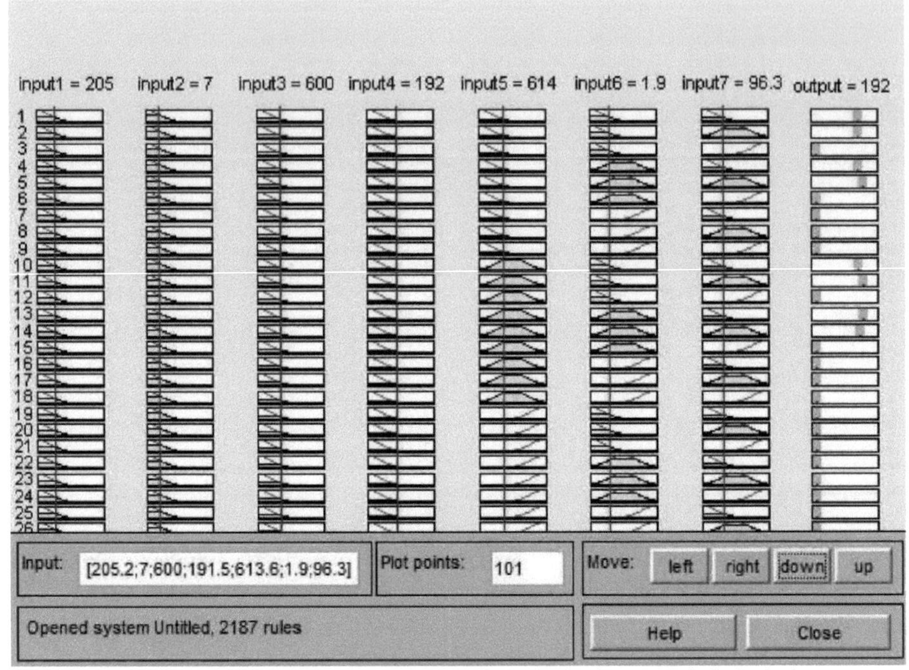

Fig. 3-4. Base de regras e estrutura de inferência do sistema de inferência fuzzy

O modelo fuzzy desenvolvido pode fornecer uma estimativa da compocast quando são introduzidos no modelo dados de entrada corretos. Por exemplo, como se pode ver na Fig. 3-4, quando os parâmetros de entrada são a temperatura do molde 205,2° C, o tempo de mistura 7 min, a velocidade do impulsor 600 rpm, a temperatura do pó 191,5° C, a temperatura de fundição 613,6 C, a percentagem de volume de Al203 1,9 e o tamanho médio das partículas 96,3 nm, o resultado previsto para a tensão de cedência seria 192 BHN. Note-se que o ponto de intersecção entre as linhas verticais e as funções de filiação determina o valor de filiação para cada variável de entrada nas regras. Após 200 épocas, o erro do processo de treino não se alterou e manteve-se em 2,777.

Ensaios

A Fig. 3-5 mostra a eficácia do esquema de otimização, comparando os resultados previstos com os valores experimentais. Existe uma concordância convincente entre os valores experimentais e os valores previstos para a dureza dos compósitos A356-Al2O3. Os resultados mostram que a nova técnica implementada nesta investigação tem um desempenho aceitável. Por conseguinte, este trabalho mostra a utilidade de uma forma inteligente de prever o desempenho de compósitos de matriz de Al utilizando ANFIS-PSO.

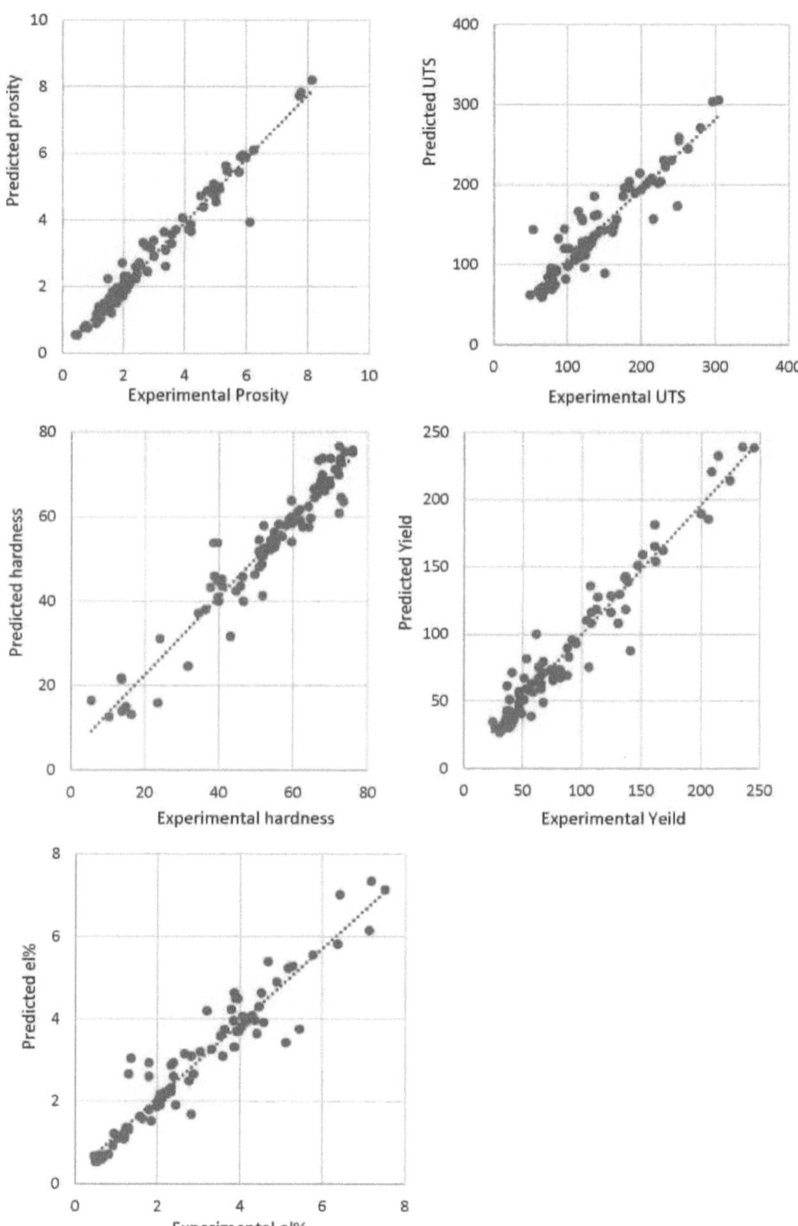

Fig. 3-5 Comparação entre os valores experimentais e previstos

α-Al

A Fig. 4-1 mostra a microestrutura da matriz da liga A356 reforçada com nano partículas de Al203. As amostras são fabricadas pelos processos de fundição em areia CO_2, squeeze e compo cast. A fundição por compressão resulta num refinamento significativo da microestrutura, com uma diminuição do tamanho das células. Este refinamento deve-se a um aumento da taxa de arrefecimento, que é causado pelo elevado coeficiente de transferência de calor devido ao contacto íntimo entre a massa fundida e a matriz quando a pressão é aplicada. A microestrutura dos compósitos fundidos com CO_2 apresenta uma rede eutéctica contínua (partículas de Si e α-Al) com α-Al dendrítico mais grosseiro do que os compósitos fundidos por compressão. A Fig. 4-1c mostra a microestrutura globular típica da amostra agitada electromagnética após o processo de compo cast, que pode ser explicada pela teoria da nucleação copiosa. Esta teoria baseia-se na criação de muitas nucleações sólidas no interior da massa fundida devido ao arrefecimento rápido.

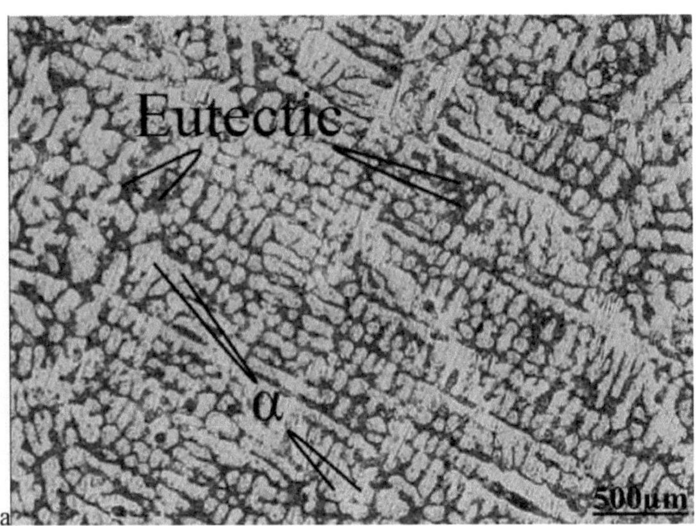

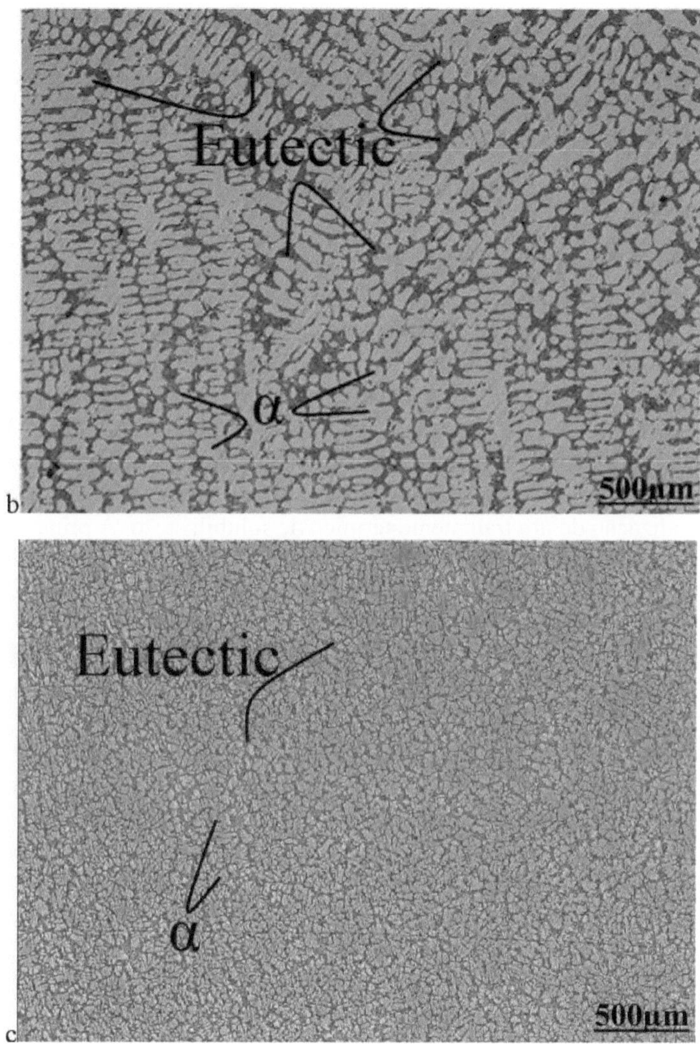

Fig. 4-1 a microestrutura da matriz da liga A356 reforçada com 1,8% de nano Al203 a: Areia de CO2, b: compressão e c: compo cast

Em comparação com a solidificação convencional, a taxa de nucleação real pode não ser aumentada, mas todos os núcleos sobreviverão, resultando num aumento da taxa de nucleação efectiva. Além disso, a ação de mistura intensiva é suscetível de dispersar os aglomerados de potenciais agentes de nucleação, dando origem a um maior número de potenciais locais de nucleação. Shabani relatou que a agitação intensa e o arrefecimento rápido localizado causam graves perturbações de temperatura na massa fundida, o que leva à refusão dos braços dendríticos. A globulização da estrutura durante a agitação é atribuída à quebra dos braços dendríticos que formam a força de cisalhamento. Com o aumento da intensidade de cisalhamento, a globalização da estrutura ocorre através da alteração da geometria da difusão na massa fundida em torno da fase sólida em crescimento.

Tratamento térmico

Quando a resistência não resulta do trabalho a frio ou do reforço por solução sólida, o envelhecimento natural ou artificial através do endurecimento por precipitação é a única alternativa. Para serem reforçadas por tratamentos térmicos, as ligas devem conter elementos adequados. Estas substâncias devem ser solúveis a uma temperatura, mas insolúveis a uma temperatura inferior. Exemplos para os sistemas de alumínio incluem o magnésio, o cobre e o lítio. Embora alguns destes elementos endurecedores permaneçam em solução após a fundição, a solução completa pode ser assegurada através da realização de um tratamento térmico de solubilização. A principal diferença entre os tratamentos térmicos T5 e T6 é o facto de a liga ser ou não solubilizada antes do envelhecimento artificial. Deve-se notar que o Mg2Si é a fase de endurecimento no A356, e não o Mg por si só. As amostras foram submetidas a um tratamento térmico de solução a 540· C durante 4 h. A principal razão para a realização do tratamento de solução é garantir que o soluto (no caso do A356, magnésio e silício) esteja na sua solubilidade máxima na matriz de alumínio. Após o tratamento de solução, os componentes são retirados do forno e temperados. É necessário ter cuidado com este tratamento de arrefecimento para evitar a criação de tensões residuais ou distorções devido a um arrefecimento demasiado rápido, ao mesmo tempo que se arrefece suficientemente rápido para garantir que não se formam precipitados incoerentes. O envelhecimento para os tratamentos térmicos T6 foi efectuado a 155· C durante 6 h. As amostras são envelhecidas artificialmente para acelerar a nucleação e o crescimento das fases de endurecimento dos precipitados.

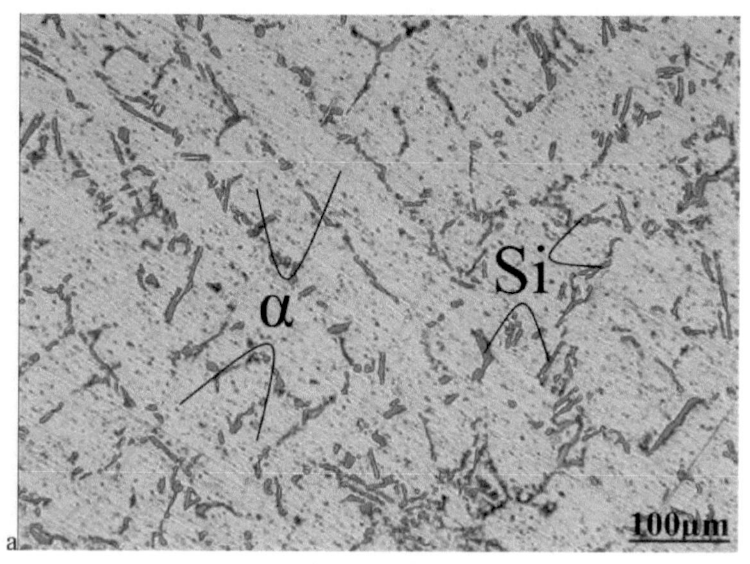

Si
α
100μm
a

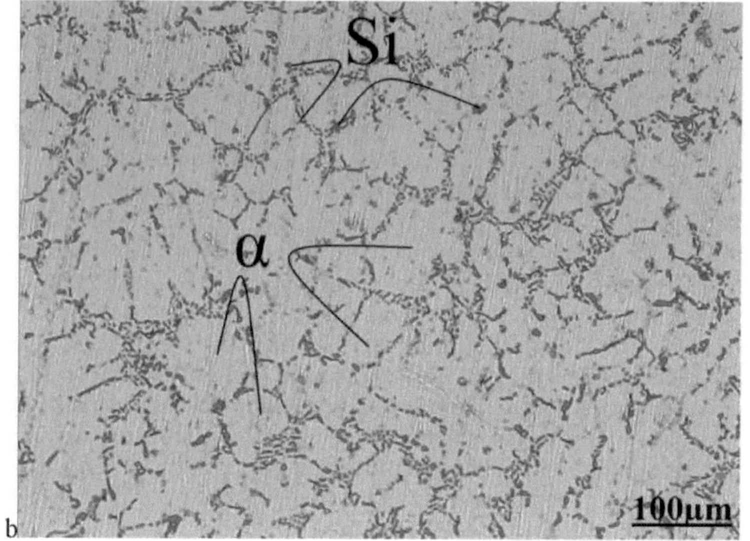

Si
α
100μm
b

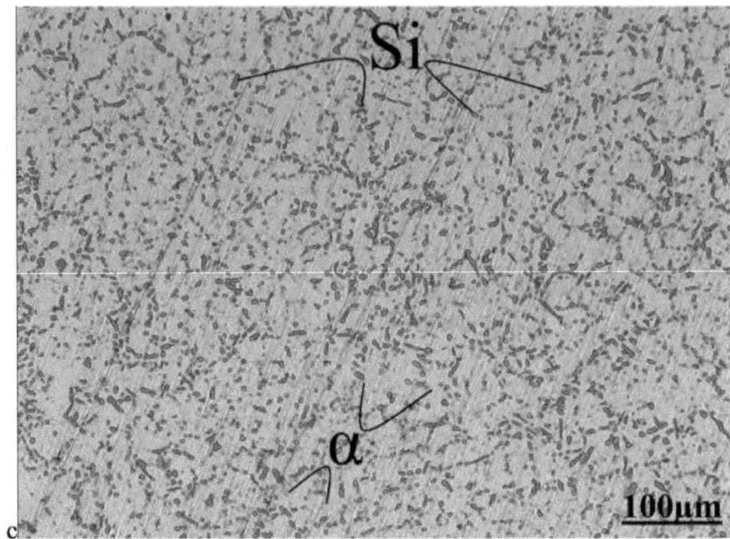

Fig. 4-2 a microestrutura do A356 tratado termicamente T6 reforçado com 1,8% de partículas nano Al203 a: Areia de CO2, b: espremer e c: compo cast

A Fig. 4-2 mostra a microestrutura do A356 tratado termicamente com T6 e reforçado com nano partículas de Al203. O silício eutéctico esferoidiza durante um tratamento a alta temperatura, o que constitui a principal razão para o aumento da ductilidade. A evolução da alteração do silício eutéctico durante o tratamento a alta temperatura pode ser descrita, grosso modo, pelo mecanismo de maturação de Ostwald . O exame microestrutural das amostras compo-fundidas indica que não houve aprisionamento significativo de gás. Apenas poros de contração muito finos podem ser observados ocasionalmente em algumas das amostras. O menor nível de porosidade pode ser atribuído à melhor molhabilidade entre a matriz e as partículas de reforço, bem como à menor retração volumétrica da liga da matriz. É sabido que as propriedades mecânicas das amostras fundidas são principalmente afectadas pelo gás aprisionado, pelos poros de retração, pelos grandes compostos intermetálicos e pela não uniformidade microestrutural. Quaisquer medidas que possam reduzir a porosidade e promover uma morfologia compacta do composto intermetálico melhorarão as propriedades mecânicas das amostras fundidas.

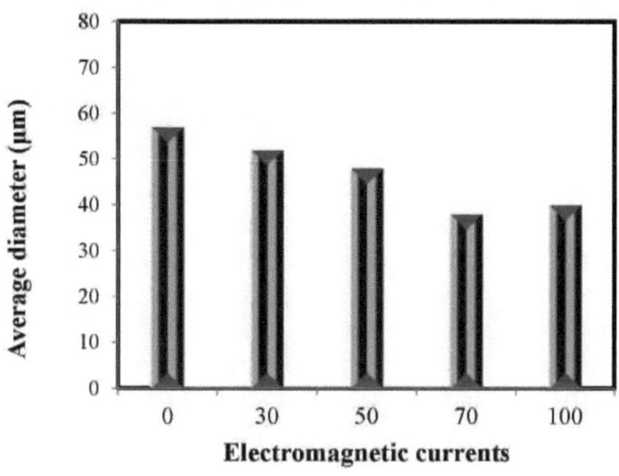

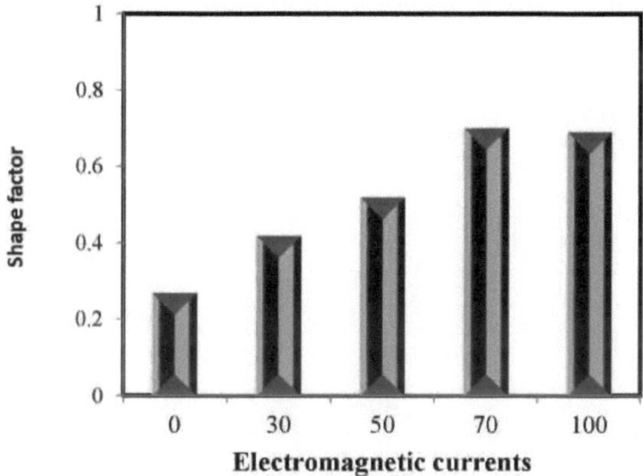

b

Fig.4-3 O diâmetro médio (a) e o fator de forma (b) da fase primária no compósito semissólido A356-Al2O3 preparado com diferentes campos electromagnéticos

Globulização

A Fig. 4-3 mostra o diâmetro médio e o fator de forma da fase primária no compósito semissólido A356-Al2O3 nano preparado com diferentes campos electromagnéticos. Pode-se ver que, quando o campo eletromagnético não é aplicado, a fase primária α-Al é grosseira com um diâmetro médio de mais de 57 μm e um fator de forma bastante baixo de 0,27. Com o aumento do campo eletromagnético, o diâmetro médio diminui de 52 para 39 μm e o fator de forma médio das partículas aumenta de 0,42 para 0,69. Na fundição convencional, o metal fundido começa a solidificar quando entra em contacto com a parede do molde. No entanto, no caso do agitador eletromagnético, os núcleos solidificados iniciais que se formam na parede do molde num padrão de nucleação heterogéneo são facilmente quebrados por forças vibratórias e seriam transportados para todo o metal líquido. Assim, o número de núcleos na massa fundida é aumentado. Além disso, durante o crescimento na fundição convencional, se a massa fundida for mantida sem agitador eletromagnético, os dendritos primários crescem e os braços dendríticos secundários desenvolvem-se sem restrições, pelo que o sólido avança sob a forma de dendritos para formar os grãos grosseiros. Em contrapartida, no caso do agitador eletromagnético, a aplicação de um agitador eletromagnético à massa fundida produzirá uma convecção forçada. Os braços dendríticos secundários podem desprender-se dos dendritos primários, e a massa fundida corre para o topo dos dendritos primários na interface sólido/líquido, de modo que os dendritos primários podem ser fracturados. Assim, as pontas fracturadas dos dendritos colunares ou os ramos quebrados dos dendritos promovem a formação de uma estrutura equiaxial com grãos finos, e os pedaços quebrados podem ser transportados pela convecção forçada para a massa fundida, actuando como núcleos. Neste ponto, deve ser salientado que o calor de Joule induzido pela corrente de indução também afecta o processo de solidificação. Se a corrente de indução passar através da massa fundida, a maior parte do calor de Joule será gerada na interface sólido/líquido da raiz da dendrite porque a diferença na resistividade eléctrica é a maior, o que esferoidizará as dendrites e mudará a sua forma para globular.

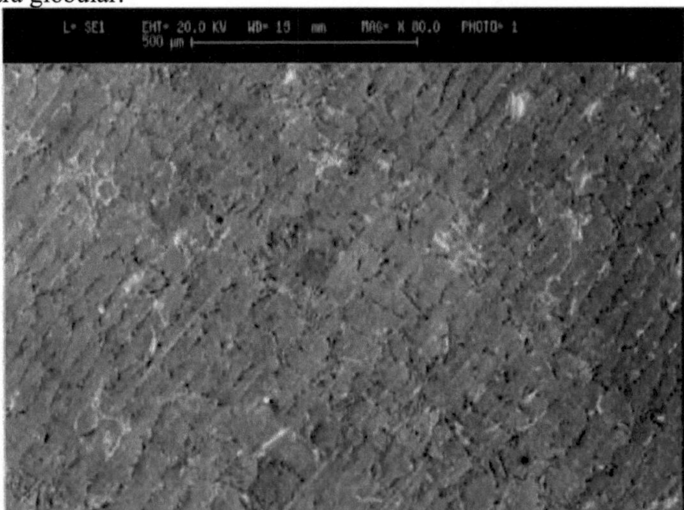

a(SE)

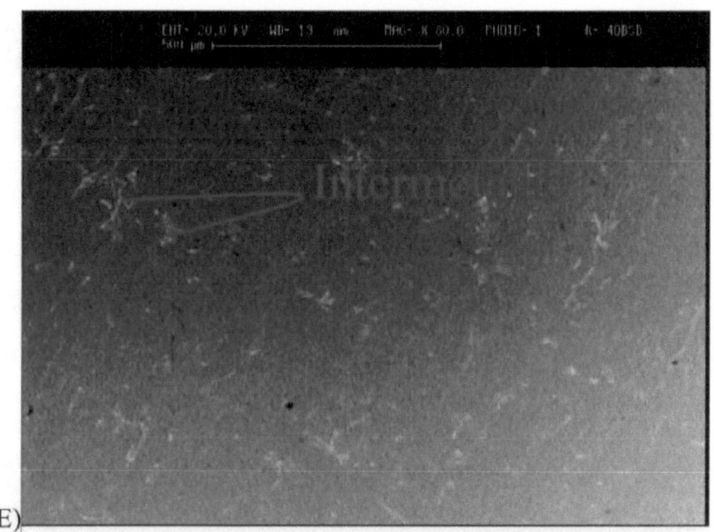

b(BSE)

c(SE)

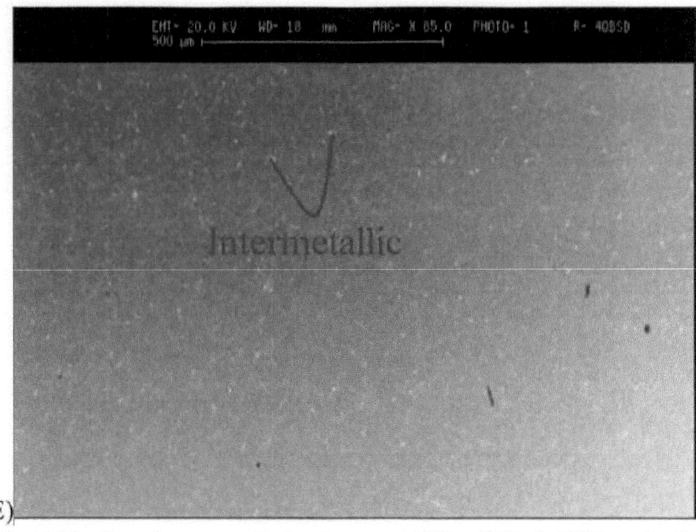

d(BSE)

Fig.4-4 MEV do A356 reforçado com partículas de nano Al203: a(SE) e b(BSE) na fundição em areia de CO_2 e c(SE) e d(BSE) na fundição em compósito

Imagem em camadas EDS

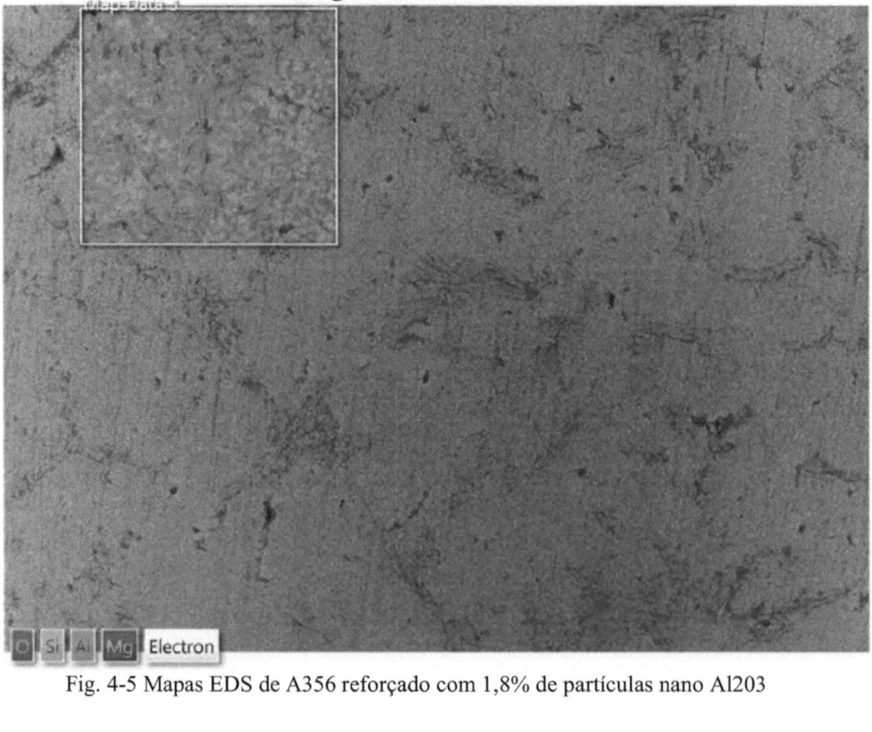

O Si Al Mg Electron

Fig. 4-5 Mapas EDS de A356 reforçado com 1,8% de partículas nano Al203

Partículas intermetálicas

A Fig. 4-4 mostra a microestrutura do A356 reforçado com nano partículas de Al203. A boa combinação de resistência e alongamento das amostras fundidas por compo deriva principalmente da porosidade extremamente baixa, do tamanho fino e da morfologia equiaxial dos compostos intermetálicos contendo Fe e, talvez mais importante, da microestrutura fina e uniforme em toda a amostra. Isto é um resultado direto do comportamento único de solidificação das ligas Al durante o processo de fundição compósita. A liga A356 utilizada neste estudo contém 0,4 wt% de Fe. As micrografias SEM (BSE) confirmam a presença de um composto intermetálico contendo Fe, que tem um tamanho de partícula fino e uma morfologia compacta (Fig. 4-4d). Isto é muito diferente do composto intermetálico contendo Fe observado nas amostras de fundição em areia de CO2, que normalmente aparecem como grandes placas ou agulhas (Fig. 4-4b). As partículas intermetálicas finas e esféricas contendo Fe são menos prejudiciais para as propriedades mecânicas, particularmente para a ductilidade.

Distribuição de partículas

As Figs. 4-5 e 4-6 mostram a microestrutura, os mapas EDS correspondentes e a análise de varrimento de linha de raios X dos compósitos reforçados com nanopartículas, respetivamente. Os mapas EDS mostram a presença de partículas de Al2O3 e a sua distribuição na matriz dos compósitos. A distribuição homogénea da fase de reforço é essencial para alcançar um desempenho superior, particularmente no caso de compósitos com matriz de alumínio descontínua. A principal razão para a segregação das partículas é o facto de os dendritos de Al solidificarem primeiro durante a solidificação do compósito e as partículas serem rejeitadas pela interface sólido-líquido, sendo segregadas para a região interdendrítica. Esta formação pode ocorrer facilmente com as partículas pequenas. As Fig. 4-7 (a) e (b) representam imagens típicas de SEM dos compósitos assistidos por SC e EMS (I=70A), respetivamente. Acredita-se que a forte ligação mecânica feita entre as partículas de Al e Al2O3 usando esta técnica ajuda a dispersar as partículas de reforço mais uniformemente no líquido. Além disso, o campo eletromagnético melhora a cinética de molhagem no alumínio líquido, o que também pode ser útil na distribuição uniforme das partículas de Al2O3.

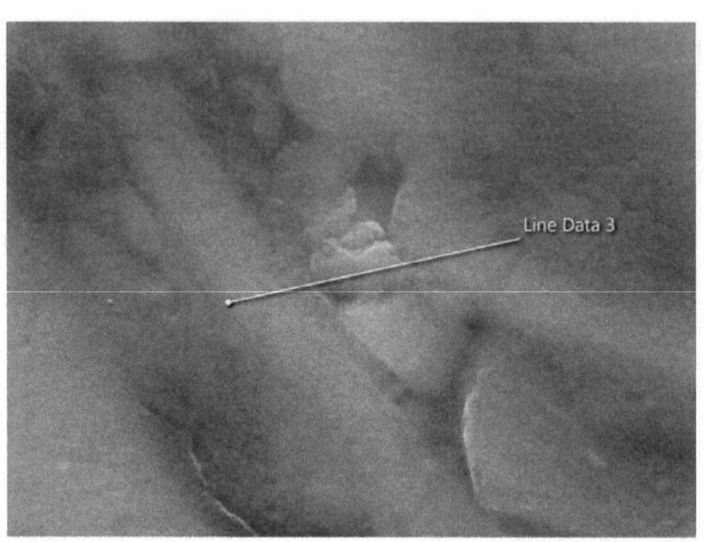
Line Data 3

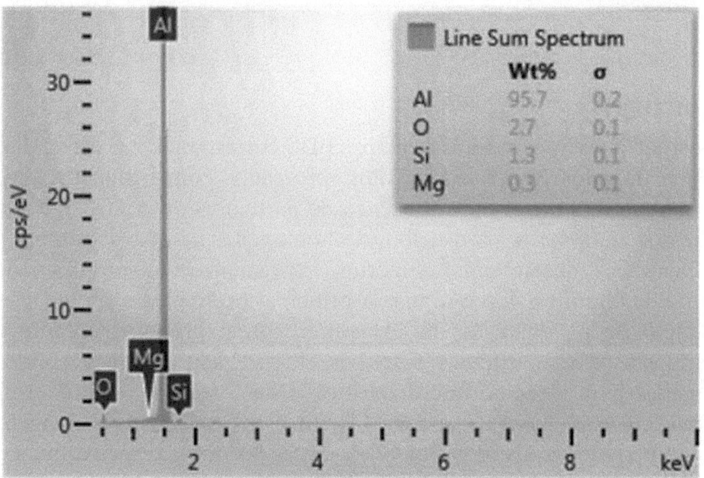
Al
Mg
O
Si
Line Sum Spectrum
Wt% σ
Al 95.7 0.2
O 2.7 0.1
Si 1.3 0.1
Mg 0.3 0.1
cps/eV
keV

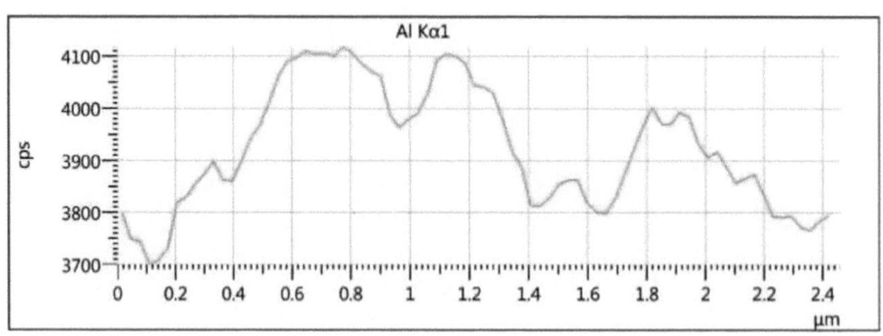
Al Kα1
cps
µm

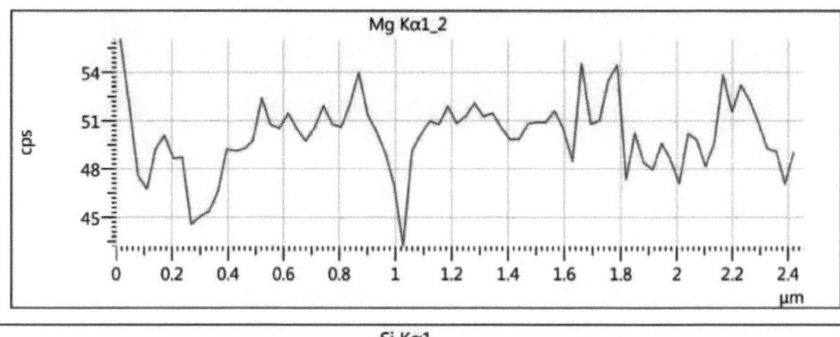

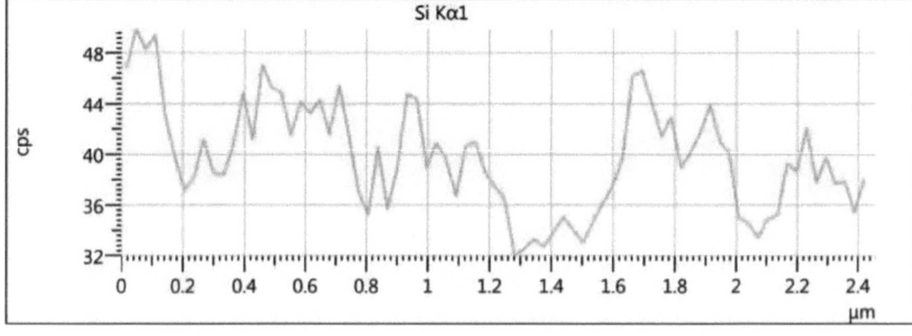

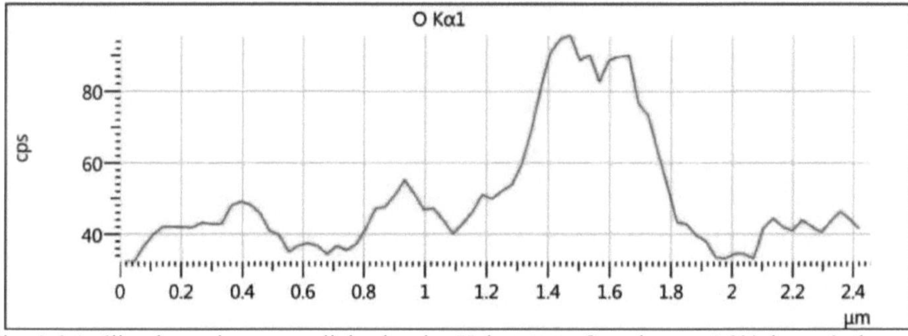

Fig. 4-6 Análise de varrimento em linha de raios X do A356 reforçado com 1,8% de partículas nano Al203

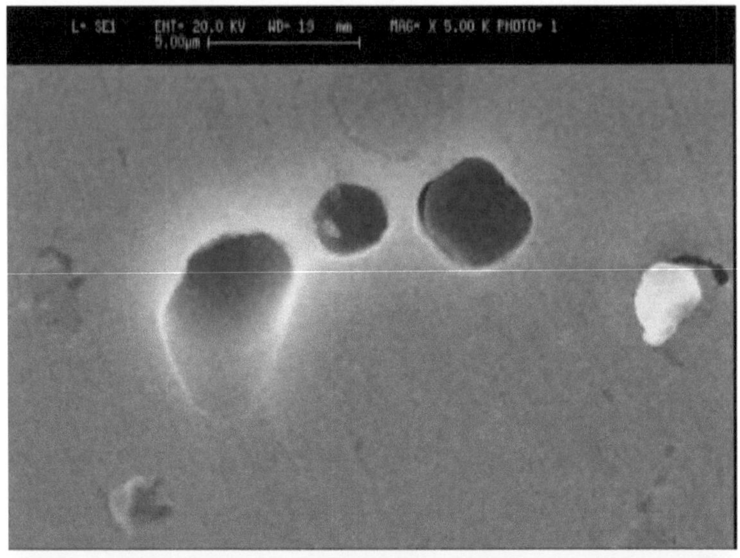

Fig. 4-7 Imagens SEM do compósito a: SC e b: compocast assistido por EMS

Resistência ao escoamento (YS)

A Fig. 4-8 mostra a tensão de cedência da liga A356 e do nano-compósito em diferentes processos de fundição . Observa-se que os valores de YS dos compósitos são mais elevados do que os das ligas não reforçadas, independentemente do tipo de processo. Por outro lado, o valor YS do compósito fundido parece ser superior ao dos compósitos fundidos em areia e SC.

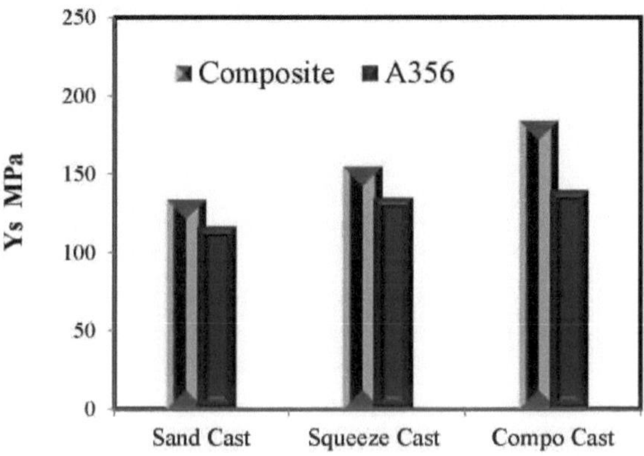

Fig. 4-8 O limite de elasticidade da liga A356 e do nano-compósito em diferentes processos de fundição

UTS

A Fig. 4-9 mostra a UTS da liga A356 como fundida e tratada termicamente, reforçada com 1,8% de nano Al2O3. A melhoria da resistência como consequência dos tratamentos de envelhecimento artificial deve-se ao endurecimento por precipitação. Pequenas fases de precipitados coerentes ou semi-coerentes induzem tensão na rede da fase com a qual são pelo menos parcialmente coerentes. Esta deformação induzida impede o movimento de deslocação, o que, por sua vez, melhora a resistência e reduz a ductilidade. A baixa porosidade torna o tratamento térmico mais viável, mesmo em condições T6, sem qualquer distorção e/ou formação de bolhas na amostra. O baixo grau de porosidade leva a uma transferência efectiva da carga de tração aplicada às partículas fortes de Al2O3 uniformemente distribuídas.

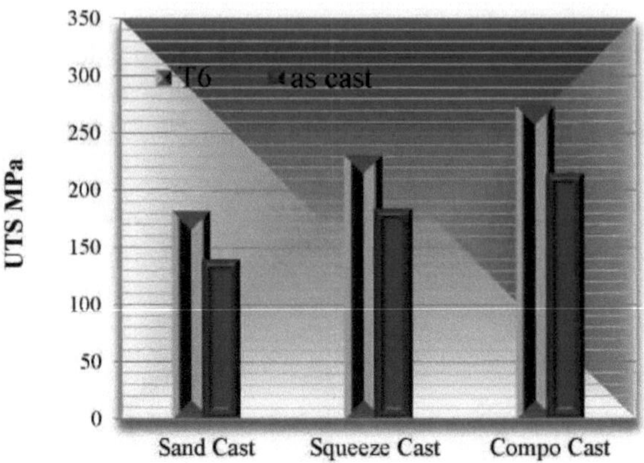

Fig. 4-9: UTS do A356 fundido e tratado termicamente com 1,8% de nano Al203

Dureza

A Fig. 4-10 mostra a dureza do compósito de matriz EMS A356 reforçado com nano Al203 produzido por uma variedade de campos electromagnéticos. O valor mais elevado de dureza é obtido com a adição de 1,8% de nanopartículas de Al203 e utilizando uma corrente electromagnética de I=70A, o que é atribuído a uma microestrutura dendrítica mais fina e a uma distribuição uniforme das nanopartículas de Al203. A dureza desta liga é reforçada pela precipitação de Mg2Si na solução sólida supersaturada de Al.

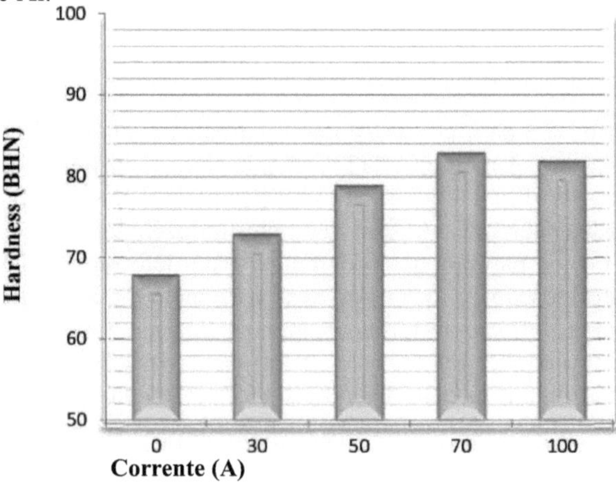

Fig.4-10 A dureza do compósito de matriz EMS A356 reforçado com 1,8% de nano Al203 produzido por uma variedade de correntes de campo eletromagnético

Perda de peso em função da carga aplicada

A perda de peso das amostras em função da carga aplicada está representada na fig. 4-11. Observa-se que a taxa de desgaste em todas as amostras aumenta marginalmente com a carga aplicada. O aumento da carga aplicada leva a um aumento da penetração das asperezas duras da contra-superfície na superfície mais macia do pino, a um aumento da tendência para a microfissuração da subsuperfície e também a um aumento da deformação e fratura das asperezas da superfície mais macia.

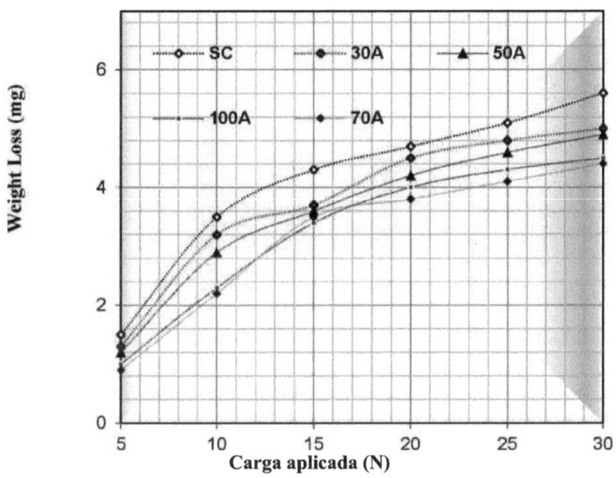

Fig.4-11 A perda de peso dos compósitos em função da carga aplicada

Perda de peso em função da distância de deslizamento

A Fig. 4-12 mostra a perda de peso em função da distância de deslizamento a uma carga aplicada de 10 N. Nota-se que a perda de peso do compósito EMS é menor do que a do compósito SC. A perda de peso aumenta com o aumento da distância de deslizamento e tem uma tendência decrescente com o aumento do campo eletromagnético. Este resultado é consistente com a regra de que, em geral, os materiais com maior dureza têm melhor resistência ao desgaste e à abrasão. Sabe-se que a perda por desgaste é inversamente proporcional à dureza das ligas. No caso do compósito SC, a profundidade de penetração é regida dureza da superfície da amostra e pela carga aplicada. No entanto, no caso do EMS, a profundidade de penetração das asperezas mais duras do disco de aço endurecido é principalmente regida pelo reforço cerâmico duro e fino saliente que se dispersa na matriz global e também dendritos finos. Assim, a maior parte da carga aplicada é transportada pelas partículas. O papel das partículas de reforço é suportar as tensões de contacto, evitando deformações plásticas elevadas e a abrasão entre as superfícies de contacto e, consequentemente, reduzindo a quantidade de material desgastado.

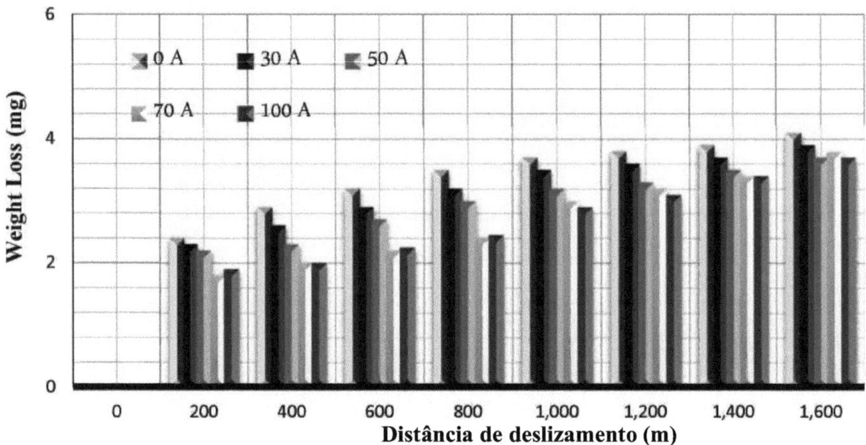

Fig.4-12 A perda de peso em função da distância de deslizamento com uma carga aplicada de 15 N

Superfície de desgaste

A superfície de desgaste do compósito SC sob a carga aplicada de 10 N está representada na fig. 4-13 a. A liga da matriz SC é muito mais macia do que o material do contra-corpo e, durante o deslizamento, o contra-corpo penetra na liga da matriz produzindo sulcos profundos e causando uma extensa deformação plástica da superfície, o que resulta numa grande perda de material e numa taxa de desgaste significativa. As superfícies desgastadas também contêm vestígios de desgaste adesivo sob a forma de poços adesivos. Por outro lado, a grande escala da liga da matriz é transferida para o contra-corpo. O fluxo de materiais ao longo da direção de deslizamento, a geração de cavidades devido à delaminação dos materiais da superfície e o rasgamento do material da superfície são também notados nesta figura. A superfície desgastada do compósito EMS a uma carga aplicada de 10 N é mostrada na fig. 4-13 b. Indica a formação de ranhuras de desgaste contínuas, uma MML relativamente lisa e algumas regiões danificadas. No entanto, o grau de formação de fissuras na superfície de desgaste não é muito elevado. A superfície de desgaste é caracterizada pela formação de lábios paralelos ao longo da marcação contínua das ranhuras.

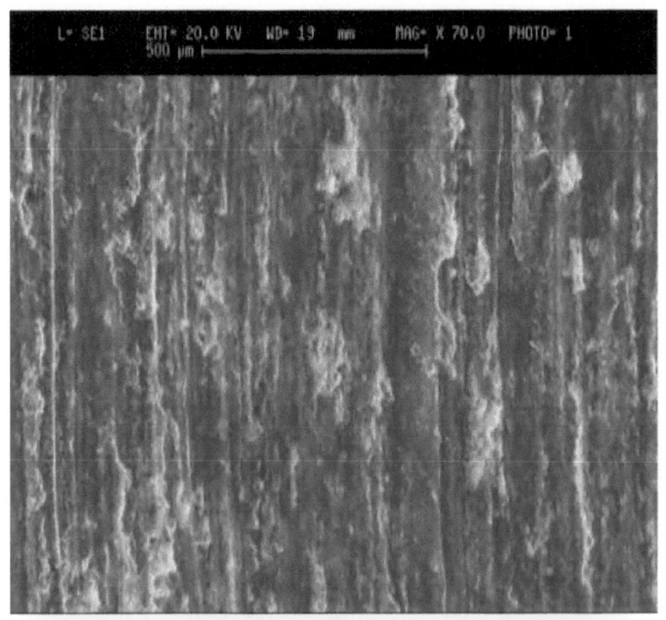
L= SE1 EHT= 20.0 KV WD= 19 mm MAG= X 70.0 PHOTO= 1
500 μm

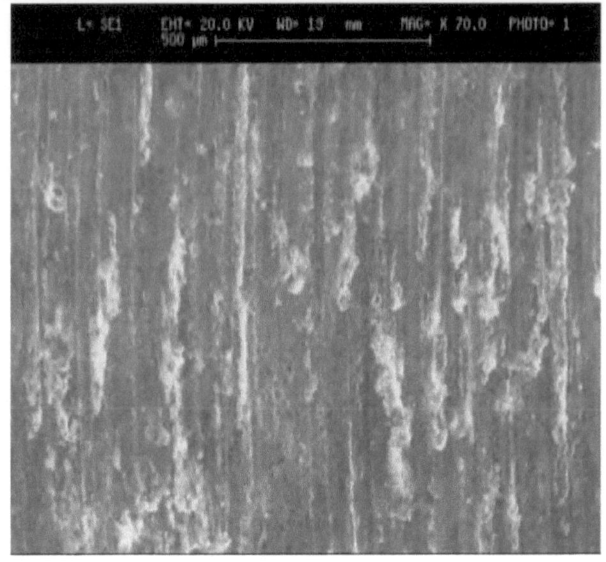
L= SE1 EHT= 20.0 KV WD= 19 mm MAG= X 70.0 PHOTO= 1
500 μm

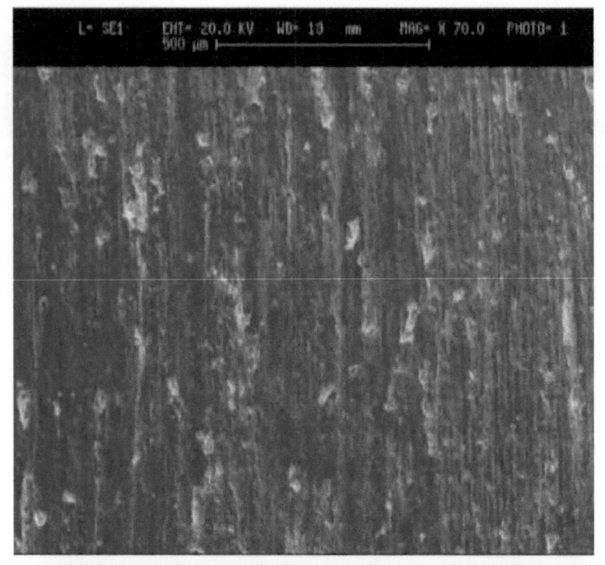
L= SE1
EHT= 20.0 KV
MAG= X 70.0
PHOTO= 1
500 µm

L= SE1
EHT= 20.0 KV
MAG= X 70.0
PHOTO= 1
500 µm

d

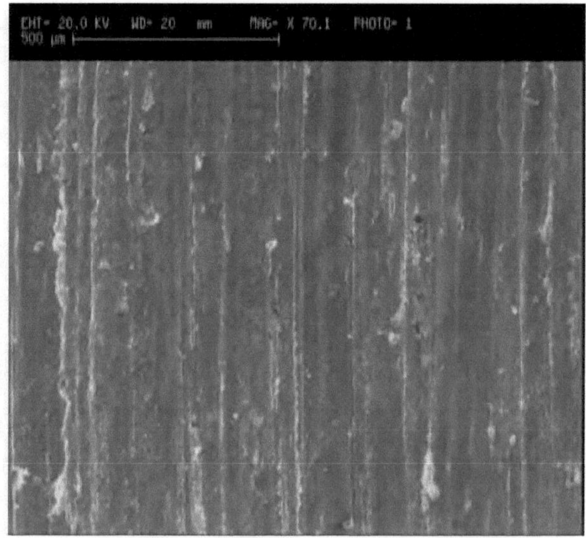

Fig.4-13 Efeito de várias correntes electromagnéticas na superfície de desgaste do nano compósito a: 0A, b: 30A, c: 50A, d: 70A e e: 100A em 15 N

Morfologia dos resíduos de desgaste

A morfologia dos resíduos de desgaste recolhidos durante os ensaios é também apresentada na Fig. 4-14. Os detritos gerados pelo desgaste dos materiais em contacto provêm principalmente do material do pino. As partículas com arestas vivas, semelhantes a placas, prevalecem principalmente entre os detritos de desgaste do compósito a cargas específicas mais elevadas, que são típicas do desgaste adesivo. Na superfície destas partículas tipo placa, nota-se a presença de fluxo plástico do material. A presença de partículas semelhantes a varetas também indica a existência de desgaste severo.

Fig. 4-14. Morfologia dos detritos de desgaste a: SC e b: Compósitos EMS (10 N)

Referências

1. Lach, R., Haberko, K., et al., Compósitos de alumina/YAG 20 vol% preparados pela decomposição térmica dawsonite, Ceramics International. 41, 10488-10493 (2015)
2. Mazahery, A., Shabani, M. O., A precisão de vários algoritmos de treinamento na modelagem do comportamento tribológico de compósitos A356-B4C, Russian Metallurgy (Metally). 2011, 699-707 (2011)
3. Shabani, M. O., Mazahery, A., Aluminum-matrix nanocomposites: Swarmintelligence optimization of the microstructure and mechanical properties, Materiali in Tehnologije. 46, 613-619 (2012)
4. Mazahery, A., Shabani, M. O., A356 reforçado com nanopartículas: análise numérica das propriedades mecânicas, JOM. 64, 323-329 (2012)
5. Shabani, M. O., Mazahery, A., The ANN application in FEM modeling of mechanical properties of Al-Si alloy, Applied Mathematical Modelling. 35, 57075713 (2011)
6. Motamedi, S., Shamshirband, S., et al., Aplicação da técnica neuro-fuzzy adaptativa para prever a resistência à compressão não confinada da mistura PFA-areia-cimento, Powder Technology. 278, 278-285 (2015)
7. Shabani, M., Mazahery, A., Aplicação de um enxame de partículas de peso linearmente decrescente para otimizar as condições de processo de nanocompósitos de matriz al, Metallurgist. 56, 414-422 (2012)
8. Ramil, A., LOpez, A. J., et al., Application of artificial neural networks for the rapid classification of archaeological ceramics by means of laser induced breakdown spectroscopy (LIBS), Applied Physics A. 92, 197-202 (2008)
9. Shabani, M. O., Mazahery, A., Aplicação do método dos elementos finitos para a simulação das propriedades mecânicas da liga A356, Int J Appl Math Mech. 7, 89-97 (2011)
10. Baghani, A., Bahmani, A., et al., Application of Computational Fluid Dynamics to study the effects of Sprue Base Geometry on the Surface and Internal Turbulence in gravity casting, Proceedings of the Institution of Mechanical Engineers, Part L: Journal of Materials Design and Applications. 1464420713500182 (2013)
11. Shabani, M. O., Mazahery, A., Aplicação do modelo de elementos finitos e da rede neural artificial na caraterização de nanocompósitos de matriz de Al utilizando vários algoritmos de treino, Metallurgical and Materials Transactions A. 43, 2158-2165 (2012)
12. Tofigh, A. A., Rahimipour, M. R., et al., Application of the combined neurocomputing, fuzzy logic and swarm intelligence for optimization of compocast nanocomposites, Journal of Composite Materials. 49, 1653-1663 (2015)
13. Shabani, M. O., Mazahery, A., Aplicação de GA para otimizar as condições de processo de nano-compósitos de matriz de Al, Compósitos Parte B: Engenharia. 45,

185-191 (2013)
14. Mazahery, A., Shabani, M. O., Application of the Extrusion to Increase the Binding between the Ceramic Particles and the Metal Matrix: Melhoria das propriedades mecânicas e tribológicas, Journal of Materials Science & Technology. 29, 423-428 (2013)
15. Shabani, M. O., Mazahery, A., Artificial intelligence in numerical modeling of nano sized ceramic particulates reinforced metal matrix composites, Applied Mathematical Modelling. 36, 5455-5465 (2012)
16. Zeng, W., Chen, N., Artificial neural network method applied to enthalpy of fusion of transition metals, Journal of Alloys and Compounds. 257, 266-267 (1997)
17. Mazahery, A., Shabani, M. O., Ordem Ascendente de Aprimoramento no Comportamento de Desgaste Deslizante e Resistência à Tração dos Compósitos de Matriz de Alumínio Compocast, Transações do Instituto Indiano de Metais. 66, 171-176 (2013) 18. Mazahery, A., Shabani, M. O., Assistência de nova inteligência artificial na otimização de nanocompósito de matriz de alumínio por algoritmo genético, Transações Metalúrgicas e de Materiais A: Metalurgia Física e Ciência dos Materiais. 43, 5279-5285 (2012)
19. Shabani, M. O., Mazahery, A., Automotive copper and magnesium containing cast aluminium alloys: Relatório sobre a correlação entre a microestrutura modificada com ítrio e as propriedades mecânicas, Russian Journal of Non-Ferrous Metals. 55, 436-442 (2014)
20. Mazahery, A., Shabani, M. O., Caracterização da liga fundida A356 reforçada com compósitos de nano SiC, Transactions of Nonferrous Metals Society of China. 22, 275-280 (2012)
21. Mazahery, A., Shabani, M., Characterization of wear mechanisms in sintered Fe-1.5 Wt % Cu alloys, Archives of Metallurgy and Materials. 57, 93-103 (2012)
22. Karahan, i., Ozdemir, R., et al., A comparison of genetic programming and neural networks; new formulations for electrical resistivity of Zn-Fe alloys, Applied Physics A. 113, 459-476 (2013)
23. Shabani, M. O., Mazahery, A., et al., Computational fluid dynamics (CFD) simulation of effect of baffles on separation in mixer settler, International Journal of Mining Science and Technology. 22, 703-706 (2012)
24. Mazahery, A., Shabani, M. O., Um estudo comparativo sobre o comportamento de desgaste abrasivo da matriz Al-Si processada semissólida-líquida reforçada com reforço B4C revestido, Transactions of the Indian Institute of Metals. 65, 145-154 (2012) 25. Shabani, M. O., Mazahery, A., Modelação computacional de compósitos de matriz de liga de alumínio fundido 2024: Adaptando os algoritmos clássicos para resultados ótimos na busca de múltiplos ótimos, Powder Technology. 249, 77-81 (2013)
26. Mazahery, A., Shabani, M. O., et al., Concurrent fitness evaluations in searching for the optimal process conditions of Al matrix nanocomposites by linearly decreasing weight, Journal of Composite Materials. 0021998312451298 (2012)

27. Vives, C., Crystallization of semi-solid magnesium alloys and composites in the presence of magnetohydrodynamic shear flows, Journal of crystal growth. 137, 653-662 (1994)
28. Shabani, M., Mazahery, A., Desenvolvimento de um processo de extrusão para melhorar as propriedades tribológicas de compósitos de matriz de ligas de sistema Al Mg Si (Cu) tratados termicamente em estado consolidado, Tribologia na Indústria. 34, 166-173 (2012) 29. Mazahery, A., Shabani, M. O., Desenvolvimento do princípio da evolução natural simulada na procura de uma solução mais superior: Seleção adequada dos parâmetros de processamento em AMCs, Powder Technology. 245, 146-155 (2013)
30. Mao, F., Yan, G., et al., Efeito da adição de Eu nas microestruturas e propriedades mecânicas das ligas de alumínio A356, Journal of Alloys and Compounds. 650, 896-906 (2015)
31. Mazahery, A., Shabani, M., et al., Effect of coated B4C reinforcement on mechanical properties of squeeze cast A356 composites, Kovove Materialy- Metallic Materials. 50, 107-113 (2012)
32. Bahmani, A., Eisaabadi, G., et al., Effects of hydrogen level and cooling rate on ultimate tensile strength of Al A319 alloy, Russian Journal of Non-Ferrous Metals. 55, 365-370 (2014)
33. Mazahery, A., Shabani, M. O., O efeito do processamento primário e secundário nas propriedades de desgaste abrasivo de compósitos de matriz de liga de alumínio 6061 compocast, Proteção de Metais e Química Física de Superfícies. 50, 817-824 (2014)
34. Tofigh, A. A., Shabani, M. O., Solução óptima e eficiente para compósitos de matriz de ligas de Al de alta resistência, Ceramics International. 39, 7483-7490 (2013)
35. Mazahery, A., Shabani, M. O., Elaboração de uma rota de otimização operativa e eficaz para melhorar as propriedades mecânicas e tribológicas dos implantes, Powder Technology. 249, 530-535 (2013)
36. Rahimipour, M., Tofigh, A., et al., Enhancement of abrasive wear resistance in consolidated Al matrix composites via extrusion process, Tribology-Materials, Surfaces & Interfaces. 7, 129-134 (2013)
37. Rahimipour, M. R., Tofigh, A. A., et al., The enhancement of wear properties of compo-cast A356 composites reinforced with Al2O3 nano particulates, Tribology in Industry. 36, 220-227 (2014)
38. Vijayaraghavan, V., Garg, A., et al., Estimation of mechanical properties of nanomaterials using artificial intelligence methods, Applied Physics A. 116, 10991107 (2014)
39. Sivasankaran, S., Sivaprasad, K., et al., Evaluation of compaction equations and prediction using adaptive neuro-fuzzy inference system on compressibility behavior of AA 6061100 - x-x wt.% TiO2 nanocomposites prepared by mechanical alloying, Powder Technology. 209, 124-137 (2011)

40. SHABANI, M. O., MAZAHERY, A., Evaluation of the effect of mixer settler baffles on liquid-liquid extraction via CFD simulation, UPB Sci Bull Ser D. 73, 55-64 (2011)
41. Mazahery, A., Shabani, M. O., Existence of Good Bonding between Coated B4C Reinforcement and Al Matrix via Semisolid Techniques: Melhoria da resistência ao desgaste e das propriedades mecânicas, Tribology Transactions. 56, 342-348 (2013)
42. Mazahery, A., Shabani, M. O., Investigação experimental sobre a resposta ao envelhecimento, dureza e absorção total de energia de impacto de materiais modificados com Sr.
Ligas de alumínio automotivo fundido tratável, Transações do Instituto Indiano de Metais. 67, 753-759 (2014)
43. Li, G. R., Zhao, Y. T., et al., Fabrication and properties of in situ (Al3Zr + Al2O3)p/A356 composites casting by permanent mould and squeeze casting, Journal of Alloys and Compounds. 471, 530-535 (2009)
44. Mazahery, A., Shabani, M. O., Compósitos extrudidos de matriz de liga AA6061: O desempenho de multi-estratégias para estender a área de busca do algoritmo de otimização, Journal of Composite Materials. 48, 1927-1937 (2014)
45. Ostad Shabani, M., Mazahery, A., Fabrication of AMCs by spray forming: Definição de parâmetros cognitivos e sociais para acelerar a convergência na otimização do processo de formação por pulverização, Ceramics International. 39, 5271-5279 (2013)
46. Golak, S., Dolata, A. J., Fabrication of functionally graded composites using a homogenised low-frequency electromagnetic field, Journal of Composite Materials. 0021998315596370 (2015)
47. Shabani, M. O., Mazahery, A., et al., FEM e ANN investigação de compósitos A356 reforçados com partículas B 4 C, Journal of King Saud UniversityEngineering Sciences. 24, 107-113 (2012)
48. Vives, C., Bas, J., et al., Fabrication of metal matrix composites using a helical induction stirrer, Materials Science and Engineering: A. 173, 239-242 (1993)
49. Shabani, M. O., Alizadeh, M., et al., Fluid flow characterization of liquid-liquid mixing in mixer-settler, Engineering with Computers. 27, 373-379 (2011)
50. Shi, Z., Ochiai, S., et al., The formation and thermostability of MgO and MgAl2O4 nanoparticles in oxidized SiC particle-reinforced Al-Mg composites, Applied Physics A. 74, 97-104 (2002)
51. Shabani, M. O., Mazahery, A., O desempenho da otimização GA na microestrutura e propriedades mecânicas de MMNCs, Transactions of the Indian Institute of Metals. 65, 77-83 (2012)
52. Zhang, S., Zhao, Y., et al., Efeitos de campo ultra-sônico de alta energia sobre a microestrutura e comportamentos mecânicos da liga A356, Journal of Alloys and Compounds. 470, 168-172 (2009)
53. Shabani, M. O., Mazahery, A., Boa ligação entre partículas B4C revestidas e matriz de alumínio fabricada por técnicas semissólidas, Russian Journal of NonFerrous Metals. 54, 154-160 (2013)

54. Mazahery, A., Shabani, M. O., Influência das partículas de B 4 C com revestimento duro na resistência ao desgaste de ligas de Al-Cu, Composites Part B: Engineering. 43, 1302-1308 (2012)
55. Sudheer, C., Maheswaran, R., et al., A hybrid SVM-PSO model for forecasting monthly streamflow, Neural Computing and Applications. 24, 1381-1389 (2014) 56. Mazahery, A., Shabani, M. O., Investigando o efeito de partículas de reforço na perda de peso e superfície desgastada de AMCs compocast, Kovove Materialy. 51, 11-18 (2013)
57. Kumar, N. M., Kumaran, S. S., et al., Uma investigação das propriedades mecânicas e da taxa de remoção de material, taxa de desgaste da ferramenta no processo de maquinação EDM da liga AL2618 reforçada com compósitos Si3N4, AlN e ZrB2, Journal of Alloys and Compounds. 650, 318-327 (2015)
58. Mazahery, A., Shabani, M., Investigation on mechanical properties of nano-Al2O3-reinforced aluminum matrix composites, Journal of Composite Materials. 0021998311401111 (2011)
59. Baghani, A., Davami, P., et al., Investigação sobre o efeito das restrições do molde e da taxa de arrefecimento na tensão residual durante o processo de fundição em areia do aço 1086, utilizando um modelo termomecânico, Metallurgical and Materials Transactions B: Process Metallurgy and Materials Processing Science. 45, 11571169 (2014)
60. Bahmani, A., Hatami, N., et al., A mathematical model for prediction of microporosity in aluminum alloy A356, International Journal of Advanced Manufacturing Technology. 64, 1313-1321 (2013)
61. Onat, A., Mechanical and dry sliding wear properties of silicon carbide particulate reinforced aluminium-copper alloy matrix composites produced by direct squeeze casting method, Journal of Alloys and Compounds. 489, 119-124 (2010)
62. Dieter, G. E., Bacon, D. Mechanical metallurgy: McGraw-Hill New York; 1986.
63. Mazahery, A., Shabani, M., Propriedades mecânicas de compósitos de matriz A356 reforçados com partículas de nano-SiC, Strength of Materials. 44, 686-692 (2012)
64. Mazahery, A., Shabani, M. O., Propriedades mecânicas dos compósitos Squeeze-Cast A356 reforçados com partículas B4C, Journal of materials engineering and performance. 21, 247-252 (2012)
65. Hutchings, I. M., Mechanisms of wear in powder technology: A review, Powder Technology. 76, 3-13 (1993)
66. Shi, Z., Yang, J. M., et al., The melt structural characteristics concerning the interfacial reaction in SiC(p)/Al composites, Applied Physics A. 71, 203-209 (2000)
67. Mazahery, A., Shabani, M. O., Microstructural and abrasive wear properties of SiC reinforced aluminum-based composite produced by compocasting, Transacções da Sociedade de Metais Não Ferrosos da China (Edição em Inglês). 23, 19051914 (2013)
68. Li, B., Pan, Q., et al., Evolução microestrutural e relação constitutiva da liga Al-

Zn-Mg contendo pequena quantidade de Sc e Zr durante a deformação a quente com base no tipo Arrhenius e modelos de redes neurais artificiais, Journal of Alloys and Compounds. 584, 406-416 (2014)
69. Shabani, M. O., Mazahery, A., Microstructural prediction of cast A356 alloy as a function of cooling rate, JOM. 63, 132-136 (2011)
70. Chen, Q., Chen, G., et al., Evolução da microestrutura do compósito de matriz de magnésio SiCp/ZM6 (Mg-Nd-Zn) no estado semi-sólido, Journal of Alloys and Compounds. 656, 67-76 (2016)
71. Aich, U., Banerjee, S., Modeling of EDM responses by support vetor machine regression with parameters selected by particle swarm optimization, Applied Mathematical Modelling. 38, 2800-2818 (2014)
72. Shabani, M. O., Mazahery, A., Modelação do comportamento de desgaste em compósitos A356-B4C, Journal of materials science. 46, 6700-6708 (2011)
73. Heydari, F., Maghsoudipour, A., et al., Modeling of thermal expansion coefficient of perovskite oxide for solid oxide fuel cell cathode, Applied Physics A. 120, 1625-1633 (2015)
74. Shabani, M., Alizadeh, M., et al., Modelling of mechanical properties of cast A356 alloy, Fatigue & Fracture of Engineering Materials & Structures. 34, 10351040 (2011)
75. Mazahery, A., Shabani, M. O., Mecanismo de modificação e caraterísticas microestruturais do si eutéctico na fundição de ligas Al-Si: Uma revisão sobre estudos experimentais e numéricos, JOM. 66, 726-738 (2014)
76. Shabani, M., Mazahery, A., et al., The most accurate ANN learning algorithm for FEM prediction of mechanical performance of alloy A356, Kovove Materialy-Metallic Materials. 50, 25-31 (2012)
77. Mazahery, A., Shabani, M. O., Nano-sized silicon carbide reinforced commercial casting aluminum alloy matrix: Experimental e nova avaliação de modelagem, Powder Technology. 217, 558-565 (2012)
78. Faraji, A., Bahmani, A., et al., Investigações numéricas e experimentais da geometria da piscina de solda na soldagem GTA de alumínio puro, Journal of Central South University. 21, 20-26 (2014)
79. Baghani, A., Bahmani, A., et al. Investigação numérica do efeito do design da base do jito no padrão de fluxo da fundição de alumínio por gravidade. Defect and Diffusion Forum2013. p. 43-53.
80. Shabani, M. O., Mazahery, A., Otimização da matriz de Al reforçada com partículas B4C, JOM. 65, 272-277 (2013)
81. Mazahery, A., Shabani, M. O., et al., A modelação numérica da resistência à abrasão na fundição de compósitos de matriz de liga de alumínio-silício, Journal of Composite Materials. 46, 2647-2658 (2012)
82. Shabani, M. O., Mazahery, A., Otimização das condições de processo na fundição de compósitos de matriz de alumínio através da interligação de neurónios artificiais e soluções progressivas, Ceramics International. 38, 4541-4547 (2012)

83. Shabani, M. O., Tofigh, A. A., et al., OPTIMIZAÇÃO DAS PROPRIEDADES MECÂNICAS E TRIBOLÓGICAS DE AMCs EXTRAÍDOS: EXTENSÃO DA ÁREA DE PESQUISA DO ALGORITMO ATRAVÉS DE MULTIESTRATÉGIAS, Materiali in tehnologije. 48, 459-466 (2014)
84. Tofigh, A. A., Rahimipour, M. R., et al., Potência de processamento optimizada e capacidade de treino da rede neural na modelação numérica de nano compósitos de matriz de Al, Journal of Manufacturing Processes. 15, 518-523 (2013)
85. Singh, J., Chauhan, A., Overview of wear performance of aluminium matrix composites reinforced with ceramic materials under the influence of controllable variables, Ceramics Internacional.http://dx.doi.org/10.1016/j.ceramint.2015.08.150
86. Chih, M., Lin, C.-J., et al., Particle swarm optimization with time-varying acceleration coefficients for the multidimensional knapsack problem, Applied Mathematical Modelling. 38, 1338-1350 (2014)
87. Mazahery, A., Shabani, M. O., O desempenho do processo de fundição assistida por pressão para melhorar as propriedades mecânicas da matriz de ligas Al-Si-Mg reforçada com partículas B4C revestidas, The International Journal of Advanced Manufacturing Technology. 76, 263-270 (2014)
88. Shamshirband, S., Malvandi, A., et al., Investigação do desempenho da erosão de partículas de tamanho micro e nano num cotovelo de 90° utilizando um modelo ANFIS, Powder Technology. 284, 336-343 (2015)
89. Mazahery, A., Shabani, M. O., O desempenho do TV-MOPSO na otimização de aços sinterizados, Kovove Materialy. 51, 333-341 (2013)
90. Shabani, M. O., Mazahery, A., O desempenho de várias interconexões de neurónios artificiais na modelação e fabrico experimental de compósitos, Materiali in tehnologije. 46, 109-113 (2012)
91. Mazahery, A., Shabani, M., Plastic deformation on worn surface of sintered diffusion alloyed Fe-Ni-Cu steel powders, Materials Science and Technology. 28, 117-121 (2013)
92. Mazahery, A., Shabani, M. O., Plasticidade e microestrutura de nano compósitos de matriz A356, Journal of King Saud University-Engineering Sciences. 25, 41-48 (2013)
93. Shabani, M. O., Mazahery, A., Prediction of wear properties in A356 matrix composite reinforced with B 4 C particulates, Synthetic Metals. 161, 1226-1231 (2011)
94. Shabani, M., Mazahery, A., Previsão das propriedades mecânicas da liga A356 fundida em função da microestrutura e da taxa de arrefecimento, Arch Metall Mater. 56, 671675 (2011)
95. Shabani, M. O., Mazahery, A., Prediction performance of various numerical model training algorithms in solidification process of A 356 matrix composites, Indian Journal of Engineering & Materials Sciences. 19, 129-134 (2012)
96. Mazahery, A., Shabani, M. O., Otimização das condições de processo em

compósitos de matriz de liga Al-Cu, Powder Technology. 225, 101-106 (2012)
97. Lee, D.-Y., Yoon, D.-H., Propriedades de compósitos de matriz de alumina reforçados com SiC whisker e nanotubos de carbono, Ceramics International. 40, 14375-14383 (2014)
98. Lam, Y.-K., Tsang, P. W. M., et al., PSO-based K-Means clustering with enhanced cluster matching for gene expression data, Neural Computing and Applications. 22, 1349-1355 (2013)
99. Shabani, M. O., Rahimipour, M. R., et al., Microestrutura refinada de nanocompósitos de compo fundido: o desempenho de técnicas combinadas de neurocomputação, lógica difusa e enxame de partículas, Neural Computing and Applications. 26, 899-909 (2015)
100. Shabani, M. O., Mazahery, A., Procurando uma nova estratégia de otimização nas propriedades de tração e fadiga da matriz de alumínio reforçada com partículas de alumina compósito, Engenharia com Computadores. 30, 559-568 (2012)
101. Mazahery, A., Shabani, M. O., et al., Searching for the superior solution to the population-based optimization problem: Processing of the wear resistant commercial AA6061 AMCs, International Journal of Damage Mechanics. 23, 899916 (2014)
102. Shabani, M., Mazahery, A., et al., Modelação da morfologia do silício durante o processo de solidificação da liga A356 Al, International Journal of Cast Metals Research. 25, 53-58 (2012)
103. Mazahery, A., Shabani, M., Sol-gel coated B4C particles reinforced 2024 Al matrix composites, Proceedings of the Institution of Mechanical Engineers, Part L: Journal of Materials Design and Applications. 1464420711428996 (2011)
104. Pani, A. K., Mohanta, H. K., Soft sensing of particle size in a grinding process: Application of support vetor regression, fuzzy inference and adaptive neuro fuzzy inference techniques for online monitoring of cement fineness, Powder Technology. 264, 484-497 (2014)
105. Mazahery, A., Shabani, M., Sol-gel coated B sigma ub 4 not equal to particles reinforced 2024 Al matrix composites, Proceedings of the Institution of Mechanical Engineers L, Journal of Materials: Design and Applications. 226, (2012) 106. Shabani, M., Mazahery, A., et al., Solidification of A356 Al alloy: Experimental study and modeling, Kovove Mater. 49, 253-258 (2011)
107. Rahimipour, M. R., Tofigh, A. A., et al., Desenvolvimentos estratégicos para melhorar o desempenho da otimização com uma solução óptima eficiente e produzir compósitos de matriz de liga de alumínio-cobre de alta resistência ao desgaste, Neural Computing and Applications. 24, 1531-1538 (2014)
108. Vencl, A., Bobic, I., et al., Propriedades estruturais, mecânicas e tribológicas da liga de alumínio A356 reforçada com partículas de Al2O3, SiC e SiC + grafite, Journal of Alloys and Compounds. 506, 631-639 (2010)
109. Mazahery, A., Alizadeh, M., et al., Study of tribological and mechanical properties of A356-nano SiC composites, Transactions of the Indian Institute of

Metals. 65, 393-398 (2012)
110. Shabani, M. O., Mazahery, A., Supressão da segregação, sedimentação e aglomeração em compósitos processados mecanicamente fabricados por processos de agitação semi-sólidos, Transactions of the Indian Institute of Metals. 66, 65-70 (2013)
111. Mazahery, A., Shabani, M. O., Estudo da microestrutura e do comportamento de desgaste abrasivo de compósitos de matriz de Al sinterizados, Ceramics International. 38, 4263-4269 (2012)
112. Razavi, M., Rajabi-Zamani, A. H., et al., Síntese de nanocompósito híbrido Fe-TiC-Al 2 O 3 através de redução carbotérmica reforçada por ativação mecânica, Ceramics International. 37, 443-449 (2011)
113. Shabani, M. O., Mazahery, A., A síntese dos compósitos de matriz Al particulada pelo método de compocasting, Ceramics International. 39, 1351-1358 (2013)
114. Rajabloo, T., Ghafarinazari, A., et al., Taguchi based fuzzy logic optimization of multiple quality characteristics of cobalt disulfide nanostructures, Journal of Alloys and Compounds. 607, 61-66 (2014)
115. Mazahery, A., Shabani, M. O., Tribological behaviour of semisolid-semisolid compocast Al-Si matrix composites reinforced with TiB 2 coated B 4 C particulates, Ceramics International. 38, 1887-1895 (2012)
116. Sheikhan, M., Mohammadi, N., Previsão de séries temporais usando rede neural optimizada por PSO e algoritmo de seleção de caraterísticas híbridas para dados de carga do IEEE, Neural Computing and Applications. 23, 1185-1194 (2013)
117. Mazahery, A., Alizadeh, M., et al., Wear of Al-Si alloys matrix reinforced with sol-gel coated particles, Materials Science and Technology. 27, 180-185 (2012) 118. de la Pena, J. L., Pech-Canul, M. I., Wetting behavior of Al-Si-Mg alloys on Si3N4/Si substrates: optimization of processing parameters, Applied Physics A. 91, 545-550 (2008)
119. Zhang, L., Li, W., et al., Effects of pulsed magnetic field on microstructures and morphology of the primary phase in semisolid A356 Al slurry, Materials Letters. 66, 190-192 (2012)
120. Karami, A., Afiuni-Zadeh, S., Dimensionamento da modelação da fragmentação da rocha devido à explosão de bancada utilizando o sistema de inferência neuro-fuzzy adaptativo e a função de base radial, International Journal of Mining Science and Technology. 22, 459-463 (2012)
121. Assari, M., Ghanbarzadeh, A., et al. Estimating gasoline demand in Iran using different soft computing techniques. Industrial Informatics, 2009. INDIN 2009. 7ª Conferência Internacional do IEEE: IEEE; 2009. p. 106-112.
122. Koker, R., Altinkok, N., et al., Neural network based prediction of mechanical properties of particulate reinforced metal matrix composites using various training algorithms, Materials & Design. 28, 616-627 (2007)
123. Ehsani, N., Baharvandi, H., et al. Propriedades mecânicas e microestrutura de compósitos de matriz Al reforçados com B4C produzidos pelo método Vortex.

Conferência Internacional sobre Materiais Inteligentes e Nanotecnologia em Engenharia: Sociedade Internacional de Ótica e Fotónica; 2007. p. 64235K-64235K-64236.
124. Singh, R., Kainthola, A., et al., Estimation of elastic constant of rocks using an ANFIS approach, Applied Soft Computing. 12, 40-45 (2012)
125. Shabestari, S., Moemeni, H., Effect of copper and solidification conditions on the microstructure and mechanical properties of Al-Si-Mg alloys, Journal of Materials Processing Technology. 153, 193-198 (2004)
126. Sozen, A., Arcakliog "lu, E., et al., Formulation based on artificial neural network of thermodynamic properties of ozone friendly refrigerant/absorbent couples, Applied thermal engineering. 25, 1808-1820 (2005)
127. Tripathi, P. K., Bandyopadhyay, S., et al., Multi-objective particle swarm optimization with time variant inertia and acceleration coefficients, Information Sciences. 177, 5033-5049 (2007)
128. Hadizadeh, M., Jeddi, A. A., Application of an Adaptive Neuro-fuzzy System for Prediction of Initial Load-Extension Behavior of Plain-woven Fabrics, Textile Research Journal. 80, 981-990 (2010)
129. Chen, B., Matthews, P. C., et al., Wind turbine pitch faults prognosis using a-priori knowledge-based ANFIS, Expert Systems with Applications. 40, 6863-6876 (2013)
130. Kumaran, S. T., Uthayakumar, M., et al., Machining behavior of AA6351-SiC-B4C hybrid composites fabricated by stir casting method, Particulate Science and Technology. 1-7 (2015)
131. Kok, M., Ozdin, K., Wear resistance of aluminium alloy and its composites reinforced by Al 2 O 3 particles, Journal of Materials Processing Technology. 183, 301-309 (2007)
132. Güneri, A. F., Ertay, T., et al., An approach based on ANFIS input selection and modeling for supplier selection problem, Expert Systems with Applications. 38, 14907-14917 (2011)
133. Haslum, K., Abraham, A., et al. Hinfra: Hierarchical neuro-fuzzy learning for online risk assessment. Modelação e Simulação, 2008. AICMS 08. Segunda Conferência Internacional da Ásia: ieee; 2008. p. 631-636.
134. Tarazona, J. L., Guerrero, J., et al., Construção de um modelo preditivo para a concentração de níquel e vanádio em resíduos de vácuo de óleos crus usando redes neurais artificiais e LIBS, Applied optics. 51, B108-B114 (2012)
135. Lin, Y., Wen, D.-X., et al., Constitutive models for high-temperature flow behaviors of a Ni-based superalloy, Materials & Design. 59, 115-123 (2014)

Printed by Books on Demand GmbH, Norderstedt / Germany